Vogel

Zootecnia General

MANUALES UTEHA Nº 145/145a

20-AGRICULTURA
Y GANADERIA

U.T.E.H.A. MEXICO

U.T.E.H.A. ★ U.T.E.H.A.

U.T.E.H.A.

UTEHA

U.T.E.H.A. ★ U.T.E.H.A.

U.T.E.H.A. ⋆ U.T.E.H.A.

U.T.E.H.A.

U.T.E.H.A. ⋆ U.T.E.H.A.

MANUALES UTEHA · NUMERO 145/145a

Sección 20

AGRICULTURA Y GANADERIA

ZOOTECNIA GENERAL

ZOOTECNIA GENERAL

CRIA Y ATENCION DE LOS ANIMALES AGRICOLAS PRODUCTIVOS

Por el

PROF. DR. H. VOGEL

TRADUCCIÓN AL ESPAÑOL POR

CARLOS GERHARD

REVISIÓN DE LA TRADUCCIÓN POR EL

DR. JOSE OTEIZA F.

Médico Veterinario

PRIMERA EDICIÓN EN ESPAÑOL

UNION TIPOGRAFICA EDITORIAL HISPANO AMERICANA

Barcelona, Bogotá, Buenos Aires, Caracas, Guatemala, La Habana, Lima, Montevideo, Quito, Rio de Janeiro, San José de Costa Rica, San Salvador, Santiago.

MEXICO

Esta obra es la traducción al español debidamente autorizada de la publicada originalmente en alemán por Walter de Gruyter & Co., de Berlín W 35, Alemania, con el título de

LANDWIRTSCHAFTLICHE TIERZUCHT

IMPRESO EN MEXICO
PRINTED IN MEXICO

Talleres Gráficos Toledo, S. A., calle Penitenciaría, 37, México, D. F.

INDICE

Aclaración de términos técnicos

Análisis genético	= comprobación del comportamiento de los factores hereditarios en la descendencia
Cuerpo lúteo	= se forma en el folículo de Graaf a continuación de la expulsión del óvulo e impide durante la preñez la formación de nuevos óvulos
Dimorfismo sexual	= diversidad morfológica determinada por el sexo
Fenotípico	= relativo al aspecto externo
Fenotipo	= aspecto externo
Folículo de Graaf	= vesícula ovárica que contiene los óvulos
Ganado Aberdeen Angus	= una de las mejores razas bovinas productoras de carne inglesas
Ganado Jersey	= raza muy lechera procedente de la isla inglesa de Jersey, que abunda en Inglaterra y en los Estados Unidos de América
Ganado Shorthorn	= raza excelente, productora de carne, que abunda tanto en Inglaterra y en otros países europeos como en las Américas del Norte y del Sur y en Asia
Gemelos uniovulares	= gemelos que proceden de un mismo óvulo y concuerdan, por consiguiente, en todos los factores hereditarios

Gene	= factor hereditario (unidad de herencia residente en los cromosomas)
Genética	= ciencia de la transmisión hereditaria
Genético	= relativo a la herencia
Genotípico	= relativo a los factores hereditarios (genes)
Genotipo	= tipo genético, suma de los factores hereditarios

CAPITULO PRIMERO

IMPORTANCIA ECONOMICA PUBLICA Y PRIVADA DE LA CRIA DE LOS ANIMALES DOMESTICOS

La cría y la atención de los animales domésticos revisten gran importancia en la *vida económica* de los pueblos, y en particular de Alemania. El *capital* invertido en ganado y los *ingresos* anuales procedentes de la producción animal son muy grandes, mucho más de lo que se suele suponer. Es lo que pone particularmente de manifiesto la comparación entre el volumen del capital y los ingresos de la cría de ganado por una parte, y los de la industria y la minería, por la otra. En el año económico de 1936 a 1937, las explotaciones agrícolas del territorio alemán de aquella época registraron, comprendido el consumo propio de la agricultura, un ingreso bruto de 11.9 mil millones de marcos, procedente en un 60 por ciento de la producción animal.

La *importancia creciente de la cría de ganado* tiene en Alemania su punto de partida en el aumento de población iniciado a fines del siglo pasado y, sobre todo, en la aglomeración urbana de grandes masas humanas, con el cambio radical en las condiciones de vida y de alimentación que dicho fenómeno llevaba aparejado y que ha determinado un aumento cada vez más pronunciado de la demanda de productos animales de alta calidad. Esta evolución se manifiesta ante todo en el aumento del ganado y, en particular, en el de aquellos tipos que proporcionan alimentos, como son el bovino y el porcino. El volumen de dicho aumento en el período comprendido entre 1873 o sea, el año del primer censo pecuario general alemán, y 1937 puede apreciarse, referido a los animales domésticos principales, en el siguiente cuadro.*

Por 100 hectáreas de superficie total correspondieron:

Año	Equinos	Bovinos	Porcinos	Ovinos	Caprinos
1873.	6.2	29.2	13.1	46.2	4.2
1937.	7.3	43.5	50.6	9.9	5.6
1937 frente a 1873. . . .	118%	149%	386%	21%	133%

Sólo quedan exceptuadas del aumento las ovejas, cuyas existencias han experimentado un fuerte retroceso. Este retroceso se halla determinado por la intensificación creciente de la agricultura alemana, que ha ido sustrayendo al ganado ovino superficies cada vez mayores de pasto, por una parte y, por la otra, por la enorme concurrencia del extranjero en materia de producción de lana. El aumento relativamente pequeño del ganado equino refleja la influencia creciente de la *motorización* en la agricultura y el transporte, que empezó ya a hacerse sentir antes de la segunda Guerra Mundial. El ganado caprino, en cambio, y en mayor escala todavía el bovino, han experimentado en los años de referencia un aumento considerable, que resulta ante todo de la demanda creciente de *leche y pro-*

* Schmidt, v. Patow, Kliesch; *Züchtung, Ernährung und Haltung der landwirstschaftlichen Haustiere,* Parte general, 5ª ed., Berlín, 1950.

ductos lácteos, en tanto que el aumento extraordinario del ganado porcino tiene su origen en el *consumo,* enormemente aumentado también, *de carne.* La segunda Guerra Mundial y sus secuelas han abierto en las existencias de animales domésticos grandes brechas, de las que ha resultado afectada, sobre todo, la zona oriental. Es obvio que a causa de la influencia de la guerra se han reducido no sólo las existencias, sino también el rendimiento medio de los animales. No es posible entrar aquí en la consideración detallada de dicho daño y de los esfuerzos emprendidos para superarlo. En conjunto, sin embargo, el rendimiento medio de los animales domésticos alemanes no sólo ha registrado en estos últimos decenios, a pesar de las dos guerras, mejoras notables, sino que en algunas explotaciones se han obtenido además rendimientos que en tiempos anteriores se habrían tenido por imposibles. Son resultado de una zootecnia planificada, de una alimentación racional y de una atención irreprochable.

Los *objetivos económicos de la cría de los animales domésticos* pueden delinearse en la siguiente forma: 1) producción de alimentos, 2) producción de animales de labor para la agricultura, la industria y el transporte, y 3) producción de materias primas, como lana, pieles, etc. La importancia económica privada tiene su fundamento, por una parte principal, en el hecho de que gracias a los animales domésticos resulta posible aprovechar, valorándolos, aquellos productos de la agricultura y de las tierras de pasto a los que, en otra forma, sería difícil, por no decir imposible, dar salida. Por otra parte, la producción de abono animal, elemento imprescindible en la explotación agrícola normal, hace que la cría del ganado resulte indispensable.

En Alemania, la cría de ganado sin conexión alguna con la agricultura es muy rara. En condiciones normales, la cría y el mejoramiento del ganado forman parte integrante de la explotación agrícola. Su objetivo, en efecto, consistente en crear valores económicos y en asegurar el éxito de la explotación, sólo puede realizarlo la cría de ganado a condición de hallarse integrada en forma orgánica en el conjunto de aquélla. Por lo que hace a la clase y al volumen del ganado a criar, es determinante, en primer término, la superficie de pasto de la que la explotación dispone. Es obvio, sin embargo, que las posibilidades de salida y la situación de los precios de los productos animales juegan asimismo un papel decisivo. Como lo es, también, que un cambio frecuente de las coyunturas, con las adaptaciones de la producción que lleva aparejadas, habrá de resultar particularmente perjudicial para la cría de ganado, cuyos períodos cíclicos son relativamente largos.

El criador ha de poder apreciar las *condiciones económicas* de su explotación en forma adecuada. Las mejoras de la cría y la atención de su explotación han de estudiarse, para empezar, en términos de explotación económica. No es raro que algunas haciendas rurales mantengan más ganado del que permiten la estructura de la explotación y, sobre todo, la superficie de pasto disponible. A menudo se comete también el error de introducir en rebaños que no reúnen las condiciones para ello medidas zootécnicas que sólo tienen justificación en explotaciones más avanzadas. Este es el caso, entre otros, por lo que hace a la cría y al mejoramiento de toros y caballos.

Como *requisitos* indispensables *de las explotaciones dedicadas a la cría y al aprovechamiento de ganado,* cabe señalar los siguientes: 1) creación, mediante el cultivo de forraje, de una superficie de pasto suficiente, 2) apreciación correcta del volumen de la cría y sus clases, 3) elección correcta de las razas, 4) medidas zootécnicas adecuadas a la obtención de buenos rendimientos, y 5) atención y alimentación racionales. Para la delimitación recíproca de las distintas clases de ganado hay que tener en cuenta ante todo los siguientes aspectos: el volumen del ganado caballar lo determinan en primer lugar las necesidades de la hacienda en caballos de labor. En las explotaciones que mantienen ovejas, éstas y el ganado bovino, que hasta cierto punto consumen el mismo alimento, entran en competencia directa; sin embargo, la oveja es más frugal, más tenaz y más móvil que los bovinos y está en condiciones de sacar provecho de forraje y de superficies de pasto que éstos ya no pueden aprovechar. El cerdo, en cambio, no es un competidor tan directo de la oveja y de los bovinos, ya que en conjunto sus necesidades alimenticias difieren de las de los dos tipos de ganado mencionados. En cuanto a la cabra, se le cría casi exclusivamente en explotaciones pequeñas y aun en éstas, por lo regular, sólo en un número reducido de cabezas, de modo que sus necesidades forrajeras no juegan un papel importante.

La gran importancia del *ganado bovino* en la vida económica proviene de sus utilidades múltiples —entre las que la capacidad de trabajo juega un papel en ningún modo secundario— y de que proporciona un abono de alta calidad. De todos los animales domésticos, los bovinos son los que están en mejores condiciones para aprovechar las grandes cantidades de forraje que se obtienen de las tierras de pastoreo (prado y pastizales), y de sacar provecho, además, tanto de los productos secundarios del cultivo, como la paja, tamo, hojas de zanahoria, etc., como de los residuos de destilerías, cervecerías y molinos.

Como quiera que *el caballo* encuentra su empleo principal en la agricultura, las explotaciones agrícolas son también los principales consumidores de los equinos criados por ellas mismas. Se comprende, pues, que en la cría de los mismos esta aplicación se considere en primer término. Debido a la motorización creciente de los transportes fuera del ámbito de la agricultura, el empleo del caballo como animal de tiro ha experimentado un fuerte retroceso. Numéricamente, la cría de caballos de lujo, de carreras y de deporte apenas cuenta, pero no debe olvidarse, con todo, que son ejemplares de este tipo de caballo los que en gran parte han cimentado la fama mundial de la cría caballar alemana y han hecho posible la subsistencia de regiones importantes dedicadas a la misma. En la explotación agrícola, el caballo ocupa, frente a los demás animales domésticos, siquiera por el hecho de que su cría y atención no se fundan a menudo en móviles exclusivamente económicos, un lugar particular. Desde siempre, en efecto, el amor por el caballo —nuestro animal doméstico más noble— y la afición a la cría caballar han inducido a más de un campesino a mantenerlo y mejorarlo, sin preocuparse en demasía por el rendimiento. Y es precisamente esta tradición, arraigada por decenios y aun por siglos en las antiguas zonas de cría, la que en más de una ocasión ha contribuido en épocas de crisis y de decadencia económica a salvar la cría caballar. Sin embargo, el amor al caballo y el orgullo de su posesión no han de llevarse al extremo de que a la larga se traduzca en gravamen insoportable para la explotación.

La posición de *la cría porcina* se caracteriza por la circunstancia de que, debido a la fecundidad y al rápido crecimiento de los cerdos, su explotación se deja adaptar más fácilmente que la de los equinos o los bovinos, por ejemplo, a las condiciones económicas contingentes. Por otra parte, esta rama de la cría de los animales domésticos depende del clima y del terreno en menor grado que las otras y se deja, por tanto, explotar eficazmente en las condiciones más diversas. Exige menor inversión y comporta menos riesgos que las crías de los animales domésticos mayores.

Su ciclo de reproducción relativamente rápido requiere una pronta adaptación a la demanda cambiante del mercado. En tiempos de crisis alimenticia, como lo fueron los de las dos guerras mundiales, la estabilidad de la cría del ganado porcino se resiente del hecho de que, en cuanto consumidor de alimentos fácilmente digeribles —sobre todo de papas y de trigo—, el cerdo necesita productos de la agricultura que en dichas épocas escasean como forraje, porque han de destinarse directamente en gran parte a la alimentación humana.

La *cría de los ovinos* se recomienda, sobre todo, en las haciendas que disponen de extensiones de pastoreo cuyo rendimiento no es ni suficientemente abundante ni lo bastante fijo para asegurar la cría de ganado bovino. La oveja, en efecto, está en condiciones de aprovechar incluso superficies de forrajes pobres, pedregosas y mal entretenidas, como brezales, landas, rastrojos y bordes de caminos, y además su gran movilidad le permite recorrer en busca de alimento grandes distancias sin demasiado esfuerzo (pastoreo trashumante). Para que la cría de ovejas resulte productiva, éstas han de poder alimentarse durante la mayor parte del año con forraje que el demás ganado sólo podría aprovechar difícilmente.

Con respecto a la cría del caballo, de la vaca, del cerdo y de la oveja, la de la cabra ocupa un lugar particular. En cuanto "vaca del pobre", en efecto, *la cabra* suele criarse casi exclusivamente en haciendas pequeñas y mínimas, así como, en muchos casos, en explotaciones no agrícolas. La gran diseminación de sus rebaños, compuestos casi siempre de un número reducido de cabezas, dificulta considerablemente el mejoramiento de la raza por medio de medidas públicas o privadas, y de ahí —y de las condiciones de cría a menudo muy molestas— que en términos generales los rendimientos de esta clase de ganado sean mediocres. Por otra parte, en cambio, se encuentran entre los capricultores, precisamente, criadores apasionados y grandes amigos de los animales, cuyas cabras producen en ocasiones rendimientos sorprendentemente altos.

El hecho de que en los capítulos siguientes nos limitemos al estudio del ganado mayor (caballo, vaca, cerdo, oveja y cabra) no significa en modo alguno que subestimemos la importancia de *la cría y la atención de los animales menores* y de lo que se ha logrado con ellos, sino que deriva sencillamente de los límites impuestos por el volumen de este librito.

CAPITULO II

APRECIACION DEL ASPECTO EXTERIOR

El examen crítico del *aspecto externo* o, para servirnos de una expresión corriente, del *exterior,* constituye un elemento auxiliar indispensable de la apreciación de los valores zootécnico y económico de los animales domésticos. Ciertamente, los métodos de examen y el valor que se les ha venido atribuyendo en el mejoramiento del ganado han sufrido en el curso del tiempo variaciones notables, pero, aun disponiendo hoy en día el criador de posibilidades cada vez mayores en lo tocante a determinar el valor genético y la capacidad de rendimiento de sus animales, no por ello el examen del exterior ha perdido nada de su importancia. Desde el punto de vista zootécnico, el valor de dicho examen depende de si es posible, y en qué medida, sacar de sus resultados conclusiones válidas en relación con las características y el valor genéticos de un animal. En este aspecto, dicho examen sólo puede resultar eficaz si existen entre *el exterior y el genotipo,* o sea, la suma de los factores hereditarios, o por lo menos entre determinados signos y cualidades visibles y ciertas características genéticas, relaciones comprobables. Sabemos hoy muy bien que esto sólo es efectivamente así en parte y que, por consiguiente, para la cría racional moderna el solo criterio del examen exterior resulta insuficiente. En la medida posible, pues, habrá que recurrir para la selección a todas las demás posibilidades de determinación del valor genético, considerando en primer lugar las relaciones genealógicas del animal de que se trate y, luego, su rendimiento propio y el del mayor número posible de sus antecesores, así como, en su caso, el de sus descendientes eventuales.

Sin embargo, en muchos casos, por no decir en la mayoría de ellos, habremos de contentarnos con la apreciación exterior, ya que por lo que hace a las relaciones de ascendencia, y no digamos ya de los rendimientos de ésta, sólo se podrá conseguir información fidedigna con respecto a un número relativamente reducido de animales, o sea, fundamentalmente, con respecto a aquellos que hayan sido objeto de un registro de rendimiento individual, los cuales, por lo regular, no constituyen sino un porcentaje muy pequeño del ganado.

Por otra parte, aun independientemente de la importancia de la apreciación exterior como fundamento de medidas zootécnicas, tampoco puede prescindirse de dicho procedimiento, porque del exterior de un animal resulta posible, entre otros, sacar conclusiones inmediatas acerca de sus posibilidades de aprovechamiento. Es obvio, en efecto, que algunas particularidades y propiedades de la conformación física y del aspecto exterior constituyen por lo regular premisas de determinadas facultades y, por otra parte, de dicho aspecto pueden también inferirse hasta cierto punto el estado de salud y la constitución del animal.

Se incluyen en el concepto de "aspecto externo" todos los signos y propiedades del cuerpo del animal apreciables por el espectador a simple vista. La condición para que el *examen exterior* proporcione datos útiles en relación con la apreciación de los animales desde los puntos de vista zootécnico y del aprovechamiento económico está ante todo en que éste se efectúe correctamente. Para ello se requieren experiencia y entrenamiento y, además, cierto don natural de "sensibilidad zootécnica". Sin embargo, mediante estudio y ejercicio apropiados es posible adquirir en gran parte la facultad para la apreciación correcta del cuerpo del animal.

En el examen exterior, el zoómetro, el compás y la cinta métrica constituyen *elementos mecánicos auxiliares* de la inspección ocular. Suministran una determinación objetiva de algunas medidas y proporciones corporales. Por otra parte, la báscula permite también un control seguro de las variaciones de peso y del aprovechamiento del forraje, sobre todo durante los períodos de crecimiento y de engorde. Las buenas fotografías, tomadas desde puntos de vista zootécnicos, permiten asimismo comparar animales de distintas épocas y procedencias, y constituyen, en esta forma, un complemento muy útil de las descripciones de los animales en los libros de reproducción.

La apreciación crítica de los *animales jóvenes*, que no han completado todavía su desarrollo, reviste particular importancia debido al hecho de que es conveniente, por razones económicas, descartar cuanto antes aquellos animales que por su aspecto exterior se revelan ya como inadecuados para el aprovechamiento ulterior.

Se ha reprochado a menudo, e incluso en fecha reciente, a la zootecnia alemana que atribuía demasiado valor al aspecto externo, que en muchos casos tomaba en cuenta y valoraba detalles y aspectos secundarios en más de lo debido, y que en la selección se guiaba con frecuencia por dichos aspectos en primer término. Resultaría de ello —así se ha pretendido— que se excluyen de la cría o bien se dejan de aprovechar no pocos animales de buen valor genético y de buena capacidad de rendimiento individual. No se puede negar que, sobre todo en épocas anteriores de la zootecnia alemana, y en parte hoy todavía en algún que otro lugar, un *formalismo* más o menos riguroso o, lo que es lo mismo, una valoración excesiva del exterior haya influido o siga influyendo en la selección y que, en más de una ocasión, un buen animal de cría haya sido víctima de dicho criterio. Conviene, por consiguiente, formarse una idea clara, sobre todo en relación con las medidas zootécnicas, acerca de los límites entre una valoración justificada del aspecto exterior y un formalismo exagerado.

Mientras el ganado seguía siendo en su aspecto exterior y en su rendimiento tan poco uniforme como era efectivamente el caso en las regiones de cría popular empírica y en las distintas razas, la importancia atribuida en la selección a determinados signos de conformación —prescindiendo de algunas exageraciones indiscutibles— constituía, sin duda alguna, la actitud adecuada para progresar en materia de mejoramiento del ganado. Pero tan pronto como en dicha forma se hubo logrado cierta uniformidad del aspecto externo, el criterio basado en la apreciación exclusiva de dicho aspecto ya no tenía objeto. Por consiguiente, el hecho de seguir manteniéndolo y de seguir guiándose rígidamente en la selección por detalles morfológicos de importancia secundaria, había de conducir forzosamente, habida cuenta además del margen natural de variación de los signos externos, a que animales de buenas posibilidades zootécnicas y económicas quedaran descartados, víctimas de un formalismo excesivo. Hoy en día, en cambio, la oposición antes existente entre *formalismo* y *capacidad* como resultado de aquellas exageraciones ha quedado, salvo rarísimas excepciones, superada, y la conformación, la ascendencia genealógica y asimismo el rendimiento, se consideran en la selección como factores equivalentes.

El examen crítico del exterior ha de extenderse a todos aquellos signos y propiedades de los que puede suponerse que guarden alguna relación, directa o indirecta, con las condiciones zootécnicas o económicas del animal particular considerado. El aspecto exterior de un animal puede, en efecto, proporcionar indicaciones muy útiles para la valoración de signos y propiedades de gran influencia en sus aptitudes zootécnicas y económicas, entre otros, por ejemplo, por lo que hace a la *pureza de su raza,* a los *caracteres sexuales, la salud, la constitución* y *la edad,* así como, hasta cierto punto, en relación con su *capacidad de aprovechamiento del forraje,* su *precocidad* o su *retraso,* su *temperamento* y su *idiosincrasia.* En cierta medida, el aspecto exterior del animal permite juzgar también su aptitud para determinados aprovechamientos e influye fundamentalmente, en particular, en su *capacidad de trabajo.* Para la apreciación de la *producción lechera,* el aspecto exterior proporciona asimismo determinados indicios, aunque no siempre seguros; lo mismo que resulta más o menos apreciable por determinados signos exteriores la *capacidad de engorde* del animal, en tanto, en fin, que el vellón suministra información directa en lo tocante a la capacidad cuantitativa y cualitativa de la *producción de lana.*

Un juicio más o menos útil acerca del exterior del animal sólo puede conseguirse si se conocen las condiciones en que fue criado y sigue viviendo. En efecto, las mismas fallas se presentan a menudo bajo una luz muy distinta según las *condiciones de desarrollo* y *de atención* de los animales que se consideran. Por otra parte, es obvio que se llegará en la apreciación a conclusiones muy diferentes según el objeto a que se piense destinar el animal. Es posible, por ejemplo, que la conformación defectuosa en un caballo de carrera o en una vaca lechera resulte, por el contrario, ventajosa en un caballo de tiro o en una vaca de engorde, y viceversa.

De las corrientes relativas a la moda y al *concepto* variable *de belleza* tampoco puede prescindir el criador en absoluto, y menos el criador de caballos, a no ser que críe en vista de su propio consumo. Aunque desde el punto de vista zootécnico, toda consideración de signos y propiedades que no se relacionen directamente con las aptitudes reproductora y económica, como, por ejemplo, la de un color determinado, etc., constituye, sin lugar a duda, una agravación y un retraso en el éxito de la cría.

La comparación de animales de sexo, edad y raza distintos sólo es posible, por supuesto, si en la apreciación se tienen dichas diferencias en cuenta, ya que en el aspecto exterior de animales de sexo, raza y edad distintos se dan variaciones considerables.

En el examen crítico de los animales no debe incurrirse en el error de atribuir importancia excesiva a deficiencias de poca monta. En efecto, ningún animal es perfecto y, por consiguiente, siempre se hallará alguna falla. Sin embargo, el examen exterior no tiene por objeto *hallar defectos,* sino más bien darse cuenta de éstos y de las cualidades existentes, para ponderarlos unos con respecto a los otros y llegar así a una *impresión y un juicio conjuntos,* adecuados y correctos. Así, pues, antes de entrar en los detalles, que sólo han de tenerse en cuenta en relación con el juicio global, se procederá siempre, en el examen, a una apreciación general de la conformación y del conjunto. No debe olvidarse tampoco que el organismo animal posee la facultad, a veces incluso en grado sorprendente, de compensar defectos y fallas en el desarrollo y la función de determinados órganos mediante una constitución y una capacidad particularmente buenas de otros. Así, por ejemplo, no son en ningún modo raros los caballos ganadores de carreras que ostentan defectos manifiestos en la estructura y la posición de las extremidades, defectos que, por lo visto, quedan más que compensados por otras ventajas, cuales, tal vez, una capacidad sobresaliente de los aparatos respiratorio y de circulación. También entre las vacas se encuentran de vez en cuando animales que, a pesar de malformación de las ubres, producen cantidades considerables de leche, porque poseen un tejido glandular de la ubre particularmente activo y un metabolismo excelente.

Las exigencias que pueden formularse en materia de exterior, y sobre todo en materia de uniformidad y nivelación del ganado, no son idénticas en todos los casos. Es evidente, por ejemplo, que en el caso de regiones y ganado en los que se ha venido practicando desde tiempo una selección orientada a conseguir una buena conformación de los animales, lo mismo que en el de razas que han sido objeto de medidas zootécnicas prolongadas, puede exigirse mucho más, por lo que hace al objeto exterior, que en el de regiones y razas que sólo se hallan en los inicios de su desarrollo zootécnico.

Si se trata de sacar de ella conclusiones relativas a los probables valores zootécnico y económico futuros, la apreciación por el aspecto exterior de los *animales jóvenes,* en período de crecimiento, resulta en la mayoría de los casos muy difícil. Es sabido, en efecto, que los animales jóvenes en período de desarrollo cambian con frecuencia de aspecto, se presentan a menudo en algunas fases como menos bien y dependen además, en relación con su exterior, en grado particularmente pronunciado de las condiciones del ambiente.

La evaluación del *aspecto* o de la *impresión globales* ha de establecer, ante todo, si por su tipo racial, su desarrollo conjunto, por las proporciones de las distintas partes del cuerpo entre sí, o sea, la armonía de su conformación, por su sexo y su constitución, un animal responde efectivamente a las exigencias que habida cuenta del objetivo zootécnico y de utilización hay que poner en cada caso o si, por el contrario, se aparta de ellas en mayor o menor grado.

Como quiera que la zootecnia alemana se basa en la *cría por razas*, o sea, en la pureza al interior de una raza (o de una variedad de la que sólo procede apartarse en casos excepcionales muy justificados), resulta que, por regla general, la apreciación del factor raza o de las características raciales reviste en Alemania particular importancia, sobre todo cuando no se dispone acerca de la pureza racial de otros elementos de información (certificados genealógicos). Con respecto a ésta sirven de criterio en el examen exterior determinadas características y propiedades llamadas raciales, cuyos clase y número varían de una raza a otra, lo mismo que el grado más o menos acusado de su presencia.

La apreciación de la *conformación* debe figurar siempre en primer término del examen exterior como tal. Por conformación de un animal se entiende el conjunto de su complexión física, que se halla condicionado por sus factores hereditarios y se ha desarrollado bajo la influencia persistente de las condiciones del medio ambiente. Es la que decide con respecto a la forma en que el animal se adapta a las influencias del medio y, en particular, frente a influencias exteriores desfavorables y a los requisitos del aprovechamiento y de la zootecnia.

El aspecto exterior puede suministrar ciertos datos relativos a la constitución del animal. En efecto, la ausencia de signos degenerativos, la armonía de la estructura física y la proporción normal de unas partes del cuerpo con respecto a las otras permiten, por lo regular, llegar a la conclusión fundada de una constitución buena y normal, en tanto que los animales de exterior irregular y falto de armonía suelen fallar, en la mayoría de los casos, desde el punto de vista constitucional. Por lo demás, es lógico espe-

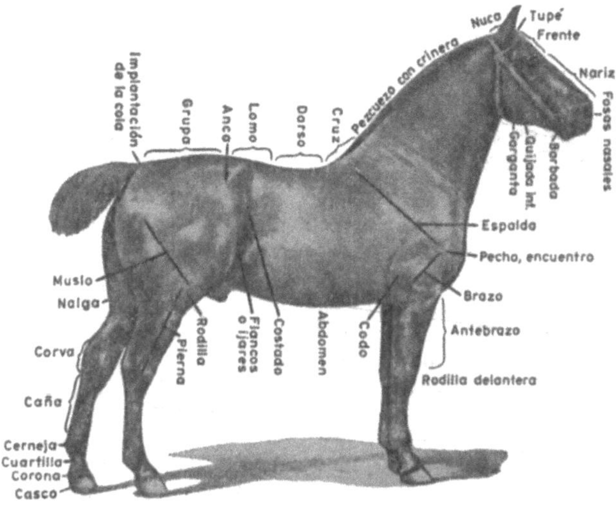

Fig. 1*a*. Partes exteriores del cuerpo del caballo.
(Según "Vogel, Pferdezucht", Ed. Parey, Berlín-Hamburgo, 1948.)

rar de los animales bien conformados una buena conformación y un buen funcionamiento, asimismo, de los órganos interiores, en tanto que el desarrollo unilateral excesivo de unas partes con respecto a las otras suele también ir acompañado de trastornos en la armonía de la estructura interior y, en particular, en el desarrollo y el funcionamiento de las glándulas endocrinas, de importancia vital.

En contraste con la constitución, se habla de la *condición* de un animal con referencia a su estado actual. Esta puede modificar también, hasta cierto punto, el aspecto exterior. Sin embargo, al apreciar la constitución, el criador sagaz no se dejará inducir en error por estas influencias variables del estado pasajero, sobre todo si conoce o tiene manera de averiguar las condiciones en que es atendido el animal. Es bien sabido, en efecto, que un mismo animal se presenta en forma muy distinta según que esté efectuando un trabajo muy pesado, o se muestre desaliñado durante el pastoreo o, por el contrario, en las mejores condiciones de atención en el establo. Sin embargo, estos estados pasajeros de la condición no ejercen de por sí influencia alguna sobre la constitución, a no ser que el animal se hallare sometido a condiciones anormales en forma prolongada —en estado de desnutrición, por ejemplo—, lo que sí puede repercutir a la larga sobre ella.

Por regla general, a través de numerosas investigaciones en las diversas zonas de cría, poseemos con respecto al peso medio, a las medidas, a las proporciones físicas y al *dimorfismo sexual* de los animales de nuestras distintas razas, tanto al estado adulto como en período de crecimiento, información suficiente, lo que nos permite apreciarlos y juzgarlos por comparación de unos con otros.

El *estado de salud* se relaciona en los animales con su constitución, ya que en caso de enfermedad los que adolecen de alguna falla constitucional presentan menos resistencia que los otros y son además más susceptibles que éstos a determinadas enfermedades. Existe una serie de indicios capaces de revelar al criador, sobre la base del examen exterior, si un animal está o no enfermo. Conviene, pues, que aquél esté familiarizado con los más importantes, por lo menos, de dichos síntomas, ya que las posibilidades de combatir eficazmente las enfermedades, y por consiguiente de curarlas, resultan muy aumentadas si las medidas indicadas a tal objeto se adoptan temprano, lo que reviste particular importancia en el caso de enfermedades epizoóticas contagiosas.

Hay que exigir de todo animal de cría que al lado de las *características* de su raza ostente también en forma clara las *de su sexo,* y no sólo en los *órganos genitales* mismos, sino también en los demás aspectos en que los animales de ambos sexos suelen normalmente distinguirse unos de otros. Estos aspectos, designados a menudo en forma no muy acertada como *caracteres sexuales secundarios,* son entre otros, además de la forma distinta de la cabeza, esqueleto más fuerte, cuello más vigoroso y compacto y mayor peso en el macho, y la pelvis más ancha en la hembra. En contraste con ello, los animales castrados presentan un tipo más insexuado, tanto más cuanto más tempranamente haya tenido lugar la castración. Como quiera que las alteraciones de las funciones de los órganos de secreción interna suelen por lo regular reflejarse en el desarrollo de los caracteres sexuales secundarios, el aspecto normal de éstos revela en ocasión del examen exterior el buen funcionamiento de aquéllos. El grado de desarrollo de estos caracteres sexuales secundarios o, respectivamente, de las diferencias correspondientes entre los dos sexos está condicionado en parte por el elemento raza, o sea, que es más acusado en unas razas que en otras.

Cuando resulta posible determinar con seguridad *la edad* de un animal por la fecha de su nacimiento, *la evolución dentaria* y el grado de desgaste de las superficies de frotamiento de los dientes proporcionan a tal objeto un buen elemento de referencia, aunque no absolutamente seguro. Independientemente del tamaño global, existen también diferencias en las proporciones del cuerpo entre los animales en período de crecimiento y los animales adultos de una misma especie o de una misma raza. El animal joven, no desarrollado por completo todavía, no es en modo alguno una simple reproducción reducida del adulto, sino que presenta, por el contrario, proporciones métricas distintas, variables con la edad, de las diferentes partes del cuerpo entre sí. Por consiguiente, sólo aquel que está familiarizado con estas variaciones básicas podrá apreciar con algún acierto el exterior del animal joven en relación con su desarrollo ulterior.

Como quiera que el *carácter precoz* o *tardío* de un animal, o sea, el momento que marca su completo desarrollo en relación con el aprovechamiento zootécnico o comercial depende en primer término del factor racial, será posible, por lo general, sacar de la presencia de los caracteres raciales apreciables desde el exterior conclusiones relativas a la precocidad o tardanza de la raza que se considera. Existen, además, indicativos de los caracteres precoz y tardío, otros signos y elementos de referencia particulares, pero, aparte de no ofrecer garantía cierta alguna, estos signos tampoco permiten, por lo regular, apreciar las diferencias, a menudo considerables, existentes al respecto entre los individuos de una misma raza. Añádase a esto que el cuidado de los animales, y en particular la alimentación, influyen asimismo grandemente en la velocidad o índice de desarrollo de los mismos, de modo que, al proceder a la apreciación externa, habrá también que tener en cuenta este aspecto y, sobre todo, las condiciones del amamantamiento.

En el examen exterior suelen con frecuencia cometerse errores de apreciación en lo tocante a la propiedad relativa al *aprovechamiento del alimento*. En efecto, son ante todo los resultados de las encuestas acerca del rendimiento de las distintas ramas de la cría de ganado las que una y otra vez vuelven a poner siempre de manifiesto que precisamente en materia de aprovechamiento del alimento existen entre los animales de una misma raza, e incluso de un mismo rebaño, diferencias notables, determinadas por los factores genéticos y que no se dejan apreciar exteriormente. En términos generales puede admitirse que los animales de tronco ancho y profundo, no excesivamente largo y en forma de tonel, de formas cerradas, vientre bien redondeado, no arremangado, y extremidades relativamente cortas, son buenos aprovechadores del alimento sustancioso y rico en proteínas. Pero estas características exteriores no permiten establecer con certeza la capacidad de aprovechamiento alimenticio.

Al juzgar el *temperamento* hay que tener presente que influye sobre éste el sexo del animal. Por lo regular, los animales machos poseen un temperamento más vigoroso que el de las hembras. Pero además, el temperamento constituye también en grado considerable un distintivo racial. Corresponden a un temperamento vivaz, una movilidad y una excitabilidad claramente apreciables, lo mismo que, al temperamento tranquilo, cierta calma y lentitud en los movimientos y una excitabilidad menor. En el temperamento se manifiesta la diversidad, influida por las glándulas endocrinas, de los sistemas nerviosos, lo que explica las relaciones, importantes en la apreciación exterior, entre el temperamento y la estructura del cuerpo. Una conformación maciza, en efecto, propensa al engorde, de huesos fuertes y piel gruesa, suele por lo regular ir ligada a un temperamento entre reposado y flemático, en tanto que los animales de conformación ligera, seca y de piel relativamente delgada poseen en general un temperamento más vivo. Los animales vivaces presentan un porte tenso, mirada franca, juego de las orejas y movimientos en general rápidos y elegantes. Es deseable que el temperamento esté en armonía con el objeto principal del empleo a que se destina al animal, pues todo lo que excede considerablemente de dicha medida se traduce en gasto inútil de fuerza y en necesidad suplementaria de alimento.

También el *carácter* de los animales se deja juzgar hasta cierto punto. Se manifiesta en la forma y manera de comportarse el animal frente al hombre y frente a otros animales y, en particular, en el modo de someterse a la voluntad de aquél. Temperamento y carácter forman asimismo en buena parte el fundamento de los llamados *vicios del animal.* Por consiguiente, de la existencia de ciertos vicios resulta también posible sacar inversamente conclusiones relativas al temperamento y al carácter. Si se trata del aprovechamiento zootécnico, conviene no olvidar que las fallas y particularidades de temperamento y de carácter se transmiten a veces hereditariamente en forma muy tenaz.

En relación con la capacidad de trabajo son particularmente importantes la conformación ósea y la coordinación entre sí de sus diversos elementos, o sea, el llamado *sistema esquelético,* sobre todo el largo y el ángulo de los distintos huesos y secciones de las extremidades, así como el desarrollo y el funcionamiento de la musculatura, comprendidos los tendones y los ligamentos. En consonancia con el tipo de trabajo previsto, la conformación del caballo pesado de tiro habrá de ser diferente de la de aquel que se destina a trabajos distintos o incluso a las carreras. Dentro de los límites de la disposición hereditaria existente, podrá contarse con una *producción lechera* satisfactoria por parte de aquellos animales que al lado de los signos de un *metabolismo* activo y de una buena conformación de la ubre presentan a la vista una constitución adecuada e indicios de buen aprovechamiento alimenticio. Son muy distintos, en cambio, los signos indicativos de una buena *capacidad de engorde,* a saber: aquellos que por lo regular caracterizan un temperamento tranquilo y buena *asimilación alimenticia,* así como una conformación en la que las partes del cuerpo que intervienen primordialmente en la acumulación de carne y grasa estén particularmente bien desarrolladas.

El *tamaño* del cuerpo, su *peso* y el *aspecto exterior* se condicionan mutuamente. El juez experimentado logra

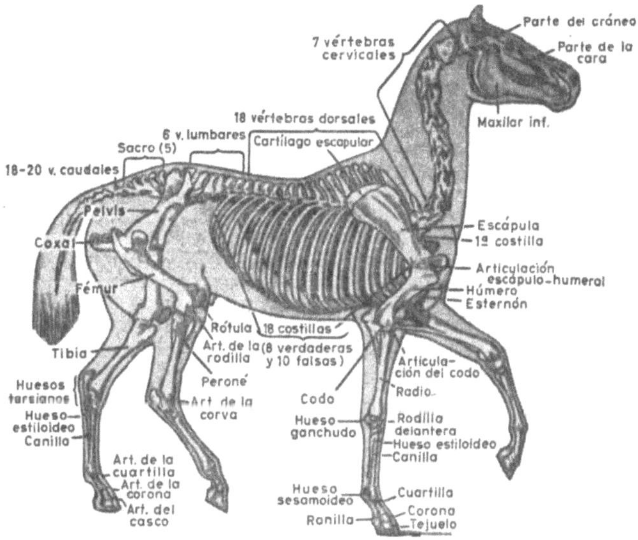

Fig. 1*b*. Esqueleto del caballo.
(Según "Vogel, Pferdezucht", Ed. Parey, Berlín-Hamburgo, 1948.)

apreciar el tamaño y el peso de un animal con bastante aproximación. Sin embargo, de ser posible, habrá que comprobar estas apreciaciones con el zoómetro y la báscula. Los animales que en cuanto a tamaño y peso rebasan considerablemente la norma de su raza, o quedan, al revés, sensiblemente por debajo de ésta, han de juzgarse desfavorablemente, ya que los animales de tamaño y peso superiores a la norma requieren por lo regular cantidades de alimento que resultan antieconómicas, y en cuanto a los de tamaño y peso inferiores, las más de las veces tampoco dan satisfacción desde el punto de vista de su rendimiento. El peso depende sobre todo del ancho, largo y profundo del tronco, y menos de la altura (cruz). Lo mismo que la talla y el peso, así determina también la raza en gran parte el formato, o sea, la relación entre la altura a la cruz y el largo del tronco. Así, por ejemplo, el caballo renano alemán (flemático) se caracteriza con respecto a los tipos de caballo de montar, como el caballo prusiano-oriental (vivaz), entre otros, por un largo de tronco relativamente mayor; y los tipos bovinos marcadamente productores de carne presentan con respecto a las razas típicamente lecheras un largo de tronco relativamente menor.

A pesar de las partes blandas de cobertura, o sea, la *musculatura,* la *piel* y el *pelo,* la forma exterior del cuerpo está muy influida por la configuración del esqueleto. Este es, en efecto, el que confiere al cuerpo del animal, en el conjunto y en sus distintas partes, su aspecto característico. Como quiera que varias partes o puntos del esqueleto se dejan comprobar sin dificultad en el animal en pie, resulta posible, sobre su base, hacer inferencias bastante seguras acerca de la posición y el grueso de las demás porciones del esqueleto. El espesor de los huesos ha de adaptarse al aprovechamiento que se tiene en vista. Los huesos demasiado grandes son indicio, lo mismo que los desproporcionadamente pequeños, de fallas constitucionales. Para apreciar el grueso o, mejor dicho, el *perímetro de los huesos,* se mide por lo regular el de la caña, tomando la medida en el lugar más delgado de la pata anterior. En la exigencia, en sí misma legítima, de un buen grueso de los huesos, se ha exagerado en algunos casos, olvidando que el perímetro óseo no constituye de todos modos garantía alguna de resistencia y firmeza del tejido óseo, que es en definitiva lo que cuenta, ya que existen estudios más que suficientes en el sentido de que la firmeza y el perímetro de los huesos distan mucho, indudablemente, de correr siempre parejas.

La capacidad de rendimiento de *la musculatura* depende en parte de su largo y su grueso, o sea, de su sección. En efecto, un músculo largo es capaz de contraerse fuertemente, en tanto que el grueso puede desarrollar mucha fuerza. En consonancia con las diferencias en la estructura ósea y en el sistema esquelético, las hay también, incluso notables, en la musculatura, determinadas en primer término por la raza, pero, independientemente de ello, la musculatura de los animales machos es además más vigorosa y compacta que la de las hembras. En igualdad de condiciones, el desgaste de energías, y con ello las necesidades alimenticias de los animales, son tanto menores cuanto más favorables son el sistema esquelético y la conformación y el funcionamiento de los músculos.

La condición de la *piel* y del *pelaje* dependen, por una parte, del sexo, la edad, la raza y de la disposición individual del animal y, por la otra, de las condiciones del medio ambiente, lo que ha de tenerse presente en la apreciación.

La *coloración* de la piel y del pelaje la determinan la clase y la cantidad de materia colorante (pigmento) que aquéllos contienen. Los caballos y los bovinos que presentan en la piel y el pelaje porciones extensas sin pigmento suelen, por lo regular, considerarse como menos resistentes desde el punto de vista de su constitución, como más sensibles a la exposición solar y como más susceptibles que otros a determinados daños alimenticios. En cuanto a lo demás, la capacidad de un animal no se resiente de la coloración. En la medida en que no sean consecuencia de condiciones anormales de cría o atención, las desviaciones de la condición normal de la piel y del pelaje son indicio de defectos constitucionales, de deficiencias del metabolismo o de trastornos del estado general.

Sobre la base de muchas observaciones de detalle, la apreciación de las partes y porciones singulares del cuerpo ha de tender a obtener del animal una idea conjunta aprovechable. Por consiguiente, incluso en la apreciación de los detalles, se prestará especial atención a los signos y las características que permiten sacar conclusiones relativas a la raza, o respectivamente a la pureza de la raza, la conformación, el valor zootécnico y el valor económico del animal que se considere. Sin perjuicio de las particularidades que son de aplicación a las distintas especies y razas de animales domésticos, pueden considerarse en cada caso como órganos, partes del cuerpo y características que hay que tener en cuenta, en primer término, los siguientes: para la evaluación de la raza, el color, los rasgos distintivos y la proporcionalidad de las distintas partes del cuerpo entre sí; para la conformación, la piel y el pelaje, el ancho y profundo del tórax y el grueso de los huesos; para el valor zootécnico, los órganos genitales, los caracteres sexuales secundarios y la forma y las dimensiones pelvianas; para la capacidad de trabajo, la musculatura y la estructura y posición de las extremidades; para la producción lechera, la ubre y todos los signos particulares indicativos de un metabolismo activo; para el engorde, las señales que revelan buena capacidad de asimilación de los alimentos y el desarrollo de las partes carnosas y de grasa más apreciables y, finalmente, para la lana, además de la cantidad, las características que le confieren valor, como son la finura, el rizado, el contenido en grasa de transpiración, etc.

CAPITULO III

RENDIMIENTOS ZOOTECNICO Y ECONOMICO

En nuestros animales domésticos suele distinguirse entre el *rendimiento zootécnico* y el *rendimiento económico.* Se designa como rendimiento zootécnico la capacidad, basada en la disposición hereditaria y actuada por las funciones genitales de los animales, para producir descendencia. En las hembras se añade a ello la capacidad de crianza, asimismo hereditaria, que se caracteriza, sobre todo, por la cantidad y la composición de la leche durante el amamantamiento. Todos los demás aspectos económicamente aprovechables suelen incluirse en el concepto de rendimiento económico.

En principio se busca en todo animal una combinación adecuada de capacidad zootécnica y de rendimiento económico. Sin embargo, ciertas consideraciones de explotación pueden en ocasiones aconsejar la cría de animales desde el punto de vista exclusivo de su rendimiento económico, sin emplearlos en la reproducción.

Los *rendimientos* de nuestros ganados son muy diversos y de importancia económica también muy varia. Además, existen también diferencias cuantitativas muy notables en cuanto a rendimiento entre una raza y otra o de un animal individual a otro. Son rendimientos económicos muy importantes: el trabajo, en el caballo y los bovinos (bueyes, vacas de tiro); la leche, en la vaca, la oveja y la cabra; la carne, en los bovinos, los porcinos y los caprinos, y la lana, en los ovinos. A éstos se agregan, como productos secundarios, la piel (bovinos, porcinos y caprinos), el cuerno (bovinos) y las cerdas (porcinos).

El caballo se destina exclusivamente al trabajo. En comparación con éste, sus productos secundarios (carne, crin, etc.) quedan muy atrás. El tipo de trabajo puede ser de índole muy distinta. En primer lugar se aprovecha al caballo, como animal de tiro, en la agricultura y el transporte. Su papel como animal de montura y de carga reviste menor importancia. También los bovinos se utilizan con frecuencia como animales de tiro. El empleo de los bueyes, antes muy generalizado, como animales de trabajo en la agricultura y el transporte, se ha reducido mucho. En cambio, en las pequeñas haciendas de la Alemania central y meridional, la vaca sigue empleándose bastante todavía como animal de tiro.

En la cría del ganado bovino la *producción de leche* constituye el factor más importante. Basta pensar que la leche de vaca y sus derivados representan productos animales muy valiosos e indispensables, y que para muchas explotaciones agrícolas los ingresos normales de la venta de la leche constituyen un activo sustancial. También en la cría de las cabras figura la producción lechera en primer lugar y, finalmente, el valor económico de determinadas razas ovinas (ovejas lecheras) la determina asimismo en gran parte la producción de leche.

El aprovechamiento como proveedor de carne y grasa distingue la posición económica del cerdo, ya que el *engorde* es el que determina la clase y el volumen de la cría de los porcinos. También en los bovinos y los ovinos, y en cierto grado también en los caprinos, representa la producción de carne y grasa un elemento de aprovechamiento que, si bien variable según las condiciones, no deja de entrar en consideración. En algunas razas de ovinos el engorde constituye una forma de aprovechamiento menos importante que el de la lana, aunque en conjunto le corresponda a ésta un papel esencial cuando no decisivo.

En el caballo y los bovinos sirve de medida para la apreciación de la capacidad de trabajo la magnitud de la fuerza de tiro, pero también la velocidad reviste importancia, por lo menos en el caballo. En los animales productores de leche la productividad se aprecia por la cantidad de leche y por la de grasa, calculada ésta sobre la base de la cantidad y el contenido de grasa de aquélla. Para la apreciación del engorde puede servir en todos los animales productores de carne la cantidad de ésta y la de grasa producidas en el transcurso de un año o de medio año por una parte, y por la calidad de la misma, que es la que determina el precio, por la otra. En la evaluación del rendimiento de cualquier clase, la *cantidad de alimento necesario* para la consecución de un rendimiento determinado constituye el factor decisivo. Dicha cantidad la determina a su vez la *eficiencia alimenticia,* o sea, la capacidad heredada para transformar el alimento consumido en rendimiento útil.

La experiencia práctica y, ante todo, los resultados de las *pruebas de producción* han revelado que los rendimientos de nuestros animales domésticos distan mucho de ser los mismos en cada caso. Se dan en este aspecto diferencias considerables, en efecto, debidas, por una parte, a la disposición hereditaria de los animales y, por la otra, a las condiciones del medio ambiente.

En el marco de la disposición hereditaria se observan *diferencias* más o menos grandes de *rendimiento,* en primer término, *entre las diversas razas* y *las diversas varie-*

dades, o sea que los individuos de una raza o variedad revelan en general mejor aptitud para determinadas prestaciones y menos o ninguna para otras. Así, por ejemplo, los caballos de sangre caliente se distinguen en promedio por su gran rapidez, y los de sangre fría por su capacidad de tiro. En la cría del ganado bovino se habla de razas lecheras por una parte (p. ej., la raza Angler) y de razas de engorde por la otra (p. ej., el ganado Aberdeeen-Angus inglés), en tanto que existen, al lado de éstas, otras razas de producción combinada (p. ej., el ganado manchado alemán). Entre los cerdos hay razas cuyos individuos se distinguen en el engorde, en comparación con los de otras, por su desarrollo rápido y por la formación precoz de grasa (p. ej., la Berkshire); entre los ovinos las hay de capacidad de engorde muy buena (p. ej., las razas inglesas productoras de carne) y otras que producen una lana excelente (p. ej., la Merino). Así, pues, aunque se den entre las distintas razas diferencias típicas, heredadas y transmisibles, determinadas por la disposición hereditaria media de los individuos, ello no significa en modo alguno que todos los individuos de una misma raza estén dotados de igual capacidad productora, ya que existen también entre éstos *diferencias individuales* considerables. Y si bien en el curso del tiempo y gracias a las medidas zootécnicas del hombre esta desigualdad al interior de las razas se ha reducido hasta cierto punto, no por ello deja todavía de ser grande. Por otra parte, si ya en las disposiciones hereditarias o genéticas existen semejantes diferencias, el cuadro exterior o fenotípico de las aptitudes resulta más complicado todavía, debido al hecho de que las condiciones variables y diversas del medio ambiente contribuyen también a aumentar el grado de variación.

Las *pruebas de rendimiento,* que desde hace algunos decenios se van introduciendo entre nosotros en grado cada vez mayor, nos han proporcionado enseñanzas preciosas y un material muy útil para el estudio de la producción y la productividad de los animales domésticos. Su aprovechamiento nos es precioso no sólo desde el punto de vista práctico de la cría, sino que es además decididamente indispensable para la investigación zootécnica ulterior.

El problema de las pruebas de rendimiento está en hallar métodos que suministren por un lado criterios lo más seguros posibles de las facultades productoras de los animales y que, por el otro, no sean, en las condiciones normales de la práctica, de aplicación demasiado costosa o complicada. Satisfacer ambos requisitos no es cosa fácil, y no todos los procedimientos de prueba ideados hasta ahora lo logran en igual grado. Para empezar, el primer objeto de las pruebas de rendimiento consiste en establecer datos ciertos y criterios relativos al nivel de productividad de los animales y en conocer el margen de oscilación de la misma. Desde el punto de vista zootécnico estas pruebas interesan, ante todo, porque el conocimiento del rendimiento de un animal, de sus antecesores y del número posible de sus descendientes permiten sacar conclusiones en relación con su valor genético y hallar, con el tiempo, familias y líneas particularmente productivas, así como, inversamente, descartar lo que desde el punto de vista de la herencia se considera perjudicial. La importancia extraordinaria de las pruebas de rendimiento resulta ya del simple hecho de que, en último término, el valor económico de los animales depende de su rendimiento o, lo que es lo mismo, de su capacidad productora.

El *rendimiento* constituye en la cría de los animales un concepto multiforme. Se refiere, en efecto, tanto al trabajo mecánico, como a la rapidez del crecimiento, al tamaño y condición de las distintas partes del cuerpo, a la cantidad y composición de determinadas secreciones, a la agudeza de los órganos de los sentidos, a las propiedades reproductoras y a muchas otras cosas más. En las pruebas de rendimiento se habla de rendimientos relativos, en contraste con los rendimientos absolutos, cuando se los relaciona con la cantidad y la clase de los alimentos empleados en producirlos, que es lo que ha de tenerse siempre en cuenta.

El *aprovechamiento zootécnico de las pruebas de rendimiento* presupone el registro esmerado de sus resultados. Esto se hace por lo regular llevando unos libros especiales de producción (p. ej., libro de producción bovina, libro de producción porcina, etc.). Los resultados más importantes de las pruebas se inscriben también en los registros pecuarios y en los certificados genealógicos. Se consideran en las pruebas de rendimiento como particularmente importantes los siguientes extremos: 1) fecundidad y capacidad de amamantamiento, 2) capacidad de desarrollo (crecimiento), 3) capacidad de engorde, 4) producción de leche y grasa, 5) producción de lana, y 6) capacidad de trabajo.

Para poder apreciar la *fecundidad,* habrá que observar en primer término la fecundación regular de la hembra consecutiva al apareamiento, la secuencia regular de las gestaciones y su curso. En los animales de crías múltiples, sobre todo en los cerdos, un elemento importante de la prueba de rendimiento consiste en el número y el peso de las crías de cada camada y en la apreciación del desarrollo y vitalidad de las mismas. Con objeto de determinar la *capacidad de desarrollo* (crecimiento) de las crías, se practican durante el curso del mismo pesadas periódicas. Los pesos obtenidos en los primeros tiempos después del nacimiento expresan no sólo la capacidad de crecimiento de las crías y eventualmente de las influencias exteriores (raciones suplementarias), sino también la capacidad de amamantamiento (producción lechera) y de crianza general de la madre.

La *capacidad de engorde* puede controlarse verificando por una parte la magnitud y la rapidez del aumento de peso y, por la otra, el rendimiento y la calidad de la carne al sacrificio, en relación, también, con las proporciones respectivas de carne y grasa. En el engorde, precisamente, reviste particular importancia la eficiencia alimenticia o capacidad de aprovechamiento del alimento, ya que en este tipo de explotación el costo total lo determina sustancialmente el del alimento. Desde el punto de vista zootécnico, la manera más rápida de sacar provecho de estas pruebas consiste en examinar a los animales jóvenes, de progenitores vivos todavía. Por ello los éxitos zootécnicos más rápidos se obtienen con engordes de prueba de las especies animales de desarrollo juvenil rápido y de crías numerosas (cerdos).

Mediante las *pruebas del rendimiento lechero* se comprueba la cantidad de leche producida, su contenido procentual en grasa y la cantidad de ésta, que se calcula sobre la base de los dos primeros datos.

En la cría de los ovinos hace ya tiempo que se vienen practicando pruebas para la verificación de la *producción de lana,* en cantidad y calidad, durante un período determinado.

Las *pruebas relativas a la capacidad de trabajo* pueden extenderse a la apreciación del paso, del trote y del galope con jinete, a la de la capacidad de carga y de tiro, teniendo en cuenta la carga a desplazar y la velocidad de desplazamiento.

Toda prueba de rendimiento gana considerablemente en significado y en valor zootécnico si se practica no como prueba breve de rendimiento máximo, sino como *prueba prolongada* de rendimiento medio, con objeto de poder calcular el *rendimiento* total del animal *en el curso de su vida.*

En los últimos tiempos se ha ido pasando cada vez en mayor grado a este tipo de pruebas. Las pruebas de rendimiento pueden practicarlas también los criadores particulares, pero, para que obtengan reconocimiento general, han de efectuarse en forma pública, bajo el control de las asociaciones de criadores o de otras organizaciones, con sujeción a determinadas normas unitarias.

A propósito de la *forma de las pruebas de rendimiento* en los distintos animales domésticos cabe decir lo siguiente: En los bovinos, conforme al aprovechamiento múltiple de esta especie animal, las pruebas de rendimiento pueden extenderse a la cantidad y el contenido en grasa de la leche, al engorde y a la capacidad de trabajo. Por lo que hace a estos dos últimos, las verificaciones seguras son difíciles de llevar a cabo, y por ello apenas se han introducido. En cambio, la prueba del rendimiento de leche constituye en los bovinos una forma de verificación muy extendida y de reconocimiento general. El control de la leche, que antes era corriente y se basaba en principio en la participación voluntaria de los criadores de animales lecheros, fue sustituido en Alemania, en 1936, por el llamado "control obligatorio público de la leche", que en contraste con las pruebas anteriores se hizo extensivo a la gran masa de las vacas lecheras; sin embargo, desde 1945 la participación en las pruebas del rendimiento lechero vuelve a ser voluntaria. En tanto que en el control anterior a 1936, organizado por las llamadas cooperativas de control, se investigaba, si bien en forma no exenta de posibilidades de error, el consumo de alimento, las pruebas se limitaron posteriormente al examen de los rendimientos absolutos. El control de la leche se efectúa calculando, sobre la base de pruebas al azar repetidas regularmente durante el período de lactancia, el rendimiento total de cada uno de dichos períodos o, respectivamente, el rendimiento conjunto durante la vida del animal que se considera.

Los resultados de las pruebas de rendimiento de leche los aprovecha el criador, en primer lugar, para formarse una idea de la capacidad de sus animales y apreciar la eficiencia alimenticia de los mismos. Esto le permite luego alimentar a sus animales según los rendimientos respectivos, estableciendo en esta forma la base de una alimentación racional en el establo. Por otra parte, quedan así de manifiesto los animales de poco rendimiento y de aprovechamiento mediocre del alimento, lo que permite descartarlos.

El objeto principal de las pruebas de rendimiento lechero está, por supuesto, lo mismo que el de todas las demás pruebas de capacidad, en el aprovechamiento zootécnico de sus resultados. Se parte del hecho de que la capacidad productora de leche y grasa se transmite, lo mismo que cualquier otra propiedad, a través de los factores genéticos de los progenitores, a la descendencia. Se trata, por consiguiente, de descubrir familias y líneas de animales buenos productores de leche y grasa (contenido de grasa elevado) y de constituir las crías con fundamento en ellas.

La investigación trata en definitiva de poner en claro, basándose en los resultados del control, el proceso hereditario de la cantidad y el contenido en grasa de la leche y los factores que en dicho proceso intervienen. A pesar de los esfuerzos realizados hasta la fecha para resolver este problema, sumamente importante también desde el punto de vista económico, no se ha progresado mucho todavía en tal sentido.

Como quiera que en los animales domésticos mayores la experimentación zootécnica para la aclaración de las cuestiones hereditarias sólo se produce raramente, entre otras por razones financieras, resulta que la investigación científica está tan interesada en el aprovechamiento del material genético resultante de las pruebas de rendimiento como la propia práctica. De todos modos, puede consignarse ya como resultado no exento de importancia del aprovechamiento científico del control de la leche, el hecho de que, en los casos particulares, la influencia del macho no es inferior en la transmisión de la aptitud relativa a la cantidad y al contenido en grasa de la leche a la de la hembra, lo que por lo demás concuerda perfectamente con las leyes generales de la genética. Ni es menos importante el otro hecho, comprobado por medio de las pruebas de rendimiento y otras investigaciones, de que la cantidad de leche y su contenido en grasa se heredan independientemente una de otro, o sea, pues, que la reunión zootécnica de las aptitudes relativas a una gran producción lechera y un contenido elevado de grasa en un mismo animal es perfectamente posible, lo que por lo demás se ha logrado ya en la práctica con relativa frecuencia.

El registro de las vacas lecheras de extraordinaria producción tiene lugar en el libro de productividad de los bovinos.

Sólo pueden registrarse en él las hembras que a la larga han dado rendimientos de leche y grasa particularmente elevados y que, mediante la producción de un número suficiente de terneros, han dado prueba, además, de su capacidad reproductora. También se registran en el libro de producción de los bovinos aquellos toros de los que se ha inscrito ya un número mínimo determinado de hijas.

Las *pruebas de rendimiento de los porcinos* nos han proporcionado, para empezar, una cantidad de conocimientos interesantes a propósito de distintas aptitudes de los cerdos, que determinan el aprovechamiento útil de los mismos. Sólo con el auxilio de semejantes pruebas practicadas en gran escala fue posible obtener valores seguros acerca del aprovechamiento del alimento, de la duración del engorde, del rendimiento al sacrificio, etc. En los sacrificios experimentales se evalúan sobre todo el rendimiento en carne del animal sacrificado, en comparación con la apreciación del animal en pie, la pérdida al sacrificio, las proporciones de carne y grasa y la calidad respectiva de éstas. Gracias a estos estudios se ha podido establecer, en relación con dichas propiedades, que existen a menudo entre los animales individuales, o respectivamente entre familias o líneas consanguíneas, diferencias considerables. Ahora bien, habida cuenta de las condiciones ambientales en gran parte similares, como las que resultan de la centralización de las pruebas en unas pocas estaciones experimentales de engorde, se ve que las diferencias en cuestión sólo pueden atribuirse prácticamente a la diversidad genética de los individuos, familias y líneas considerados. Y si en estas pruebas, que en conjuto sólo se practicaron con buenos animales registrados en los libros de producción, se observan ya tamañas diferencias, es fácil concebir que en las condiciones generales de la cría rural éstas han de ser mucho mayores todavía. Las pruebas relativas a la capacidad de engorde se hacen tanto más necesarias cuanto mayores son las exigencias de los consumidores en materia de calidad de la carne y cuanto más la situación del mercado obliga a los productores a calcular cuidadosamente sus precios de costo.

El *libro alemán de producción de los porcinos* ("herdbook" de los autores ingleses) es un registro de capacidad que corresponde al libro alemán de producción de los bovinos. La inscripción en el mismo presupone la comprobación de determinados rendimientos mínimos.

Las *pruebas de capacidad de las caballos* en forma de carreras constituyen sin duda la forma más antigua de esta clase de pruebas. Desde el punto de vista zootécnico estas carreras tienen por objeto averiguar la capacidad del caballo en el despliegue de velocidad al galope, al trote y, en ocasiones también la capacidad para el salto, en trayectos más o menos largos.

Las *pruebas de capacidad de los caballos* en forma que se conocen son las de los caballos ingleses de pura sangre. Este representa un tipo de cría acusadamente selectivo, pues hace ya mucho que en la reproducción sólo se emplean animales que hayan revelado su capacidad en la pista. En Alemania la cría de caballos corredores, y con ello las carreras, han tomado en los últimos decenios gran incremento. Desde el punto de vista zootécnico reviste gran importancia, además de la carrera propiamente dicha, el *training,* o sea, el entrenamiento para la misma. Este representa, en efecto, una prueba severa, que sólo soportan los animales muy resistentes. Todo el sistema de las carreras está penetrado actualmente de espíritu deportivo y de consideraciones financieras que en ocasiones parecen relegar el aspecto zootécnico a segundo término. Para los caballos de sangre caliente representan las carreras y los torneos una forma muy apreciable de prueba de rendimiento o de capacidad. En cambio, en la cría de caballos de sangre fría —y hasta cierto punto también en la de los de sangre caliente— se van imponiendo cada vez más las pruebas de capacidad de tiro, de velocidad al paso y de resistencia en la tracción pesada. Serían particularmente importantes pruebas de capacidad para caballos de trabajo en las condiciones de éste en la agricultura, ya que es en la agricultura, precisamente, donde la mayoría de aquéllos encuentran su empleo. Pero hasta el presente, la introducción generalizada de semejantes pruebas no ha logrado prosperar, a causa de las dificultades técnicas que presenta su ejecución. El rendimiento del caballo en la agricultura se ve a menudo reducido todavía por el empleo de vehículos e implementos de labranza inadecuados, anticuados, de consumo excesivo de fuerza; si el caballo ha de mantenerse frente al motor, el mejoramiento de dichos medios constituye una necesidad urgente.

En *los ovinos las pruebas de rendimiento* sirven ante todo a los fines de mejoramiento (bonificación) de la lana y de la averiguación del peso del vellón. Las pruebas de esta clase son corrientes, desde hace mucho ya, en las principales regiones de cría y se han venido efectuando regularmente, entre otros, en las grandes exposiciones de la Asociación Agrícola Alemana, en forma de las llamadas pruebas de esquila. La apreciación correcta de la lana requiere mucha experiencia y entrenamiento, sobre todo si se trata de lanas finas del tipo Merino.

En *las cabras,* debido a la dispersión de los rebaños, las *pruebas de rendimiento* son difíciles de llevar a cabo. En algunos animales sobresalientes, la prueba de capacidad de producción lechera ha puesto en parte de manifiesto marcas sorprendentemente altas.

Por medio de cría, alimentación y atención mejoradas, los rendimientos de nuestros animales han ido mejorando con el tiempo más y más. Disponemos hoy en todas las ramas de los animales domésticos de ejemplares y rebaños que satisfacen a exigencias elevadas. Que las propiedades y la producción entre los *tipos silvestres* de nuestros animales domésticos y las *razas cultivadas* de éstos, por ejemplo, presentan en parte diferencias sorprendentes, es cosa que no necesita probarse. Las exigencias planteadas actualmente por la situación económica y la necesidad de una explotación costeable imponen la conveniencia de seguir laborando en el sentido del aumento de la productividad de nuestros animales. Es innegable, en efecto, y fácil de demostrar en toda ocasión, que el intervalo entre las grandes explotaciones agrícolas prominentes y la gran masa de las mismas es extraordinariamente grande en cualquier aspecto, y es deber ineludible de todos los servicios y organizaciones encargados de fomentar la cría de los animales —y en primer lugar de los propios criadores— trabajar en vista de reducirlo. La llamada cría organizada, o sea la cría registrada, tiene el deber de proporcionar a los criadores en general, en mayor grado que hasta el presente y a precios razonables, reproductores de alta calidad, en tanto que la gran masa de las explotaciones ha de esforzarse, mejorando sobre todo la atención y en particular la alimentación, por conseguir que las disposiciones hereditarias de los animales se aprovechen a fondo, lo que hoy no es así todavía en muchas partes.

No es en modo alguno en interés de la agricultura que en algunas explotaciones se exageren los rendimientos mediante métodos rebuscados que comporten eventualmente el riesgo de efectos perjudiciales en la constitución y la salud de los animales, sino que es mucho más importante mejorar *el rendimiento medio,* haciendo en esta forma la cría de ganado más remuneradora en su conjunto.

Las grandes diferencias de rendimiento entre las explotaciones buenas y las atrasadas se deja ilustrar en forma convincente con los *resultados del control obligatorio de la leche.* Las cifras que se insertan a continuación provienen del informe del año 1937 acerca de los resultados de pruebas que abarcaron el 67 por ciento de las existencias alemanas de ganado productor de leche en dicho año. Para el ganado manchado o pinto de altura y el negro manchado del llano, las dos razas de ganado alemán son mucho más extendidas, y para el conjunto de vacas controladas en 1937 resulta el siguiente cuadro de producción de leche y de materia grasa contenida en ésta:

Producción media de leche y de materia grasa láctea en el año de control, de 1937

	Animales registrados en el libro de producción		Conjunto de todos los animales controlados	
	Leche Kg	Grasa Kg	Leche Kg	Grasa Kg
Ganado manchado de altura	2 830	108	2 190	94
Ganado negro manchado del llano ..	4 022	135	3 356	109
Todos los animales examinados	3 634	126	2 909	103

Según esto, las producciones de leche y materia grasa de los animales del libro de producción, tanto en el ganado pinto como en el negro manchado, incluso en el conjunto de los animales controlados, son sensiblemente superiores a las de la totalidad de los animales examinados. Por consiguiente, la cría registrada ha satisfecho ya en buena parte a su misión de asumir en materia de cría y atención del ganado la dirección del país. Por otra parte, los *valores máximos* comprobados para la producción de leche y materia grasa láctea en animales individuales están todavía muy por encima de los rendimientos medios de los animales registrados. Así, por ejemplo, se ha registrado en la región del ganado negro manchado una marca de producción de 16 461 Kg de leche y 614 Kg de grasa láctea. Estas producciones son varias veces superiores a la media obtenida por el ganado rural. Sin embargo, resulta mucho más significativo todavía que figuren en el libro alemán de producción bovina centenares de vacas con rendimientos vitalicios de 50 000 Kg de leche y más de 1 500 Kg de materia grasa, y que tampoco sean raros los animales con una producción vitalicia de 80-110 000 Kg de leche y 2 500-3 800 Kg de materia grasa, los cuales cumplen además la condición relativa al número de terneros exigidos para la inscripción en el libro de producción.

También la cría de los cerdos nos suministra cifras que sirven para documentar el hecho de que, en materia de capacidad productora, o respectivamente de rendimiento, existen entre los animales individuales *diferencias* susceptibles de ser niveladas por medio de la zootecnia. En el caso del cerdo rural mejorado, por ejemplo, se comprobaron en 40 000 pariciones un promedio de crías de 10.3 lechones al nacimiento y 8.2 a los 28 días de vida, y un promedio de peso por cría de 46.1 Kg a los 28 días. Además, esta producción osciló individualmente entre 1 y 22 lechones a la parición, o respectivamente entre 1 y 18 a los 28 días con promedios de peso entre 8.2 y 174 Kg. También en la cantidad de cebada necesaria para conseguir en un período de engorde determinado una ganancia de 100 Kg, siendo la alimentación y la atención uniformes, se pusieron de manifiesto diferencias individuales considerables, ya que para gran número de animales examinados los límites del consumo de alimentos se situaron en 290 y 425 Kg, respectivamente, con un promedio de 360 Kg. Estas cifras revelan claramente la necesidad de ir eliminando más y más por medio de una selección planeada a los malos aprovechadores de alimento, aumentando con ello la eficiencia alimenticia media en el engorde. Y resulta asimismo muy diferente, a consecuencia de la distinta disposición hereditaria de los animales individuales, el índice de engorde, que se expresa en la ganancia diaria de peso medio de los animales durante el engorde. Así, por ejemplo, para el engorde de 30 a 100 Kg de peso vivo se registraron en las pruebas de rendimiento de engorde del cerdo rural mejorado basadas en un gran número de animales, ganancias diarias, en el caso más favorable, de 796 g en los animales castrados y de 786 g en las hembras, en tanto que en el caso más desfavorable dichas ganancias fueron de 504 y 460 g, respectivamente, siendo, pues, los promedios respectivos de 651 y 630 g. Diferencias análogas se dieron al sacrificio en relación con la merma debida a éste, con el desarrollo de las partes carnosas de mejor calidad, con la formación de grasa, etc.

Hemos de prescindir aquí de establecer consideraciones correspondientes para las capacidades de los equinos, los ovinos y los caprinos, pero, fundamentalmente, éstas nos llevarían a los mismos resultados. De lo que se acaba de exponer, creemos que la importancia de una selección planeada en favor de las disposiciones de capacidad heredadas y transmisibles se desprende, al lado de la de atención y alimentación adecuadas, en forma suficientemente convincente. Cuanto más se logre hallar en las razas y rebaños familias y líneas consanguíneas genéticamente bien dotadas en el sentido deseado y se consiga propagar dichas disposiciones en mayor grado, tanto más nos acercaremos al objetivo de aumentar mediante la selección zootécnica el nivel medio de los rendimientos.

CAPITULO IV

LA REPRODUCCION ZOOTECNICA

En la descendencia de los seres vivos de cualquier clase, y por consiguiente también en la de nuestros animales, se manifiestan, como la experiencia lo enseña, rasgos y propiedades que se identifican ya sea en el padre o en la madre o en ambos progenitores a la vez, así como, en ocasiones, otros que no se dan en los padres, pero que sí se observan en alguno o algunos de los antecesores. Esta aparición de propiedades parentales o preparentales en la descendencia se designa como *herencia.* Lo importante aquí es que dichas propiedades y características no se transmiten a la descendencia tal cual, sino en forma de *disposición,* o sea, como facultad de desarrollar determinadas condiciones. La transmisión, o respectivamente la presencia, de las disposiciones hereditarias correspondientes constituye la premisa de la aparición de las distintas propiedades en los descendientes. Para el criador resulta de ahí el problema de hacer de modo que la transmisión de las disposiciones hereditarias útiles y deseables resulte asegurada, impidiendo, en cambio, la de las disposiciones indeseables y perjudiciales.

Aquellas disposiciones que se encuentran en los animales progenitores y al propio tiempo en gran parte en los antecesores de éstos se transmiten a los descendientes con mayor probabilidad que otras. Si un animal posee o no determinadas disposiciones es cosa que no se deja apreciar en cada caso directamente en él mismo, sino que sólo se puede establecer indirectamente, con mayor o menor probabilidad, y aun en ocasiones no se deja comprobar en absoluto. Resulta de ahí que el aspecto exterior, o sea, lo que en materia de propiedades y características podemos reconocer y comprobar en un ser vivo (fenotipo), no constituye necesariamente un reflejo de sus disposiciones hereditarias, sino que indica solamente que éste es capaz, en mayor o menor grado, de transmitir disposiciones, lo mismo buenas que malas, que en él mismo no son visibles (factores hereditarios ocultos).

Estos hechos, que dificultan considerablemente la labor zootécnica y la hacen hasta cierto punto dependiente en sus resultados del "azar" o de la "buena fortuna del criador", se explican por los procesos que en determinados momentos tienen lugar en las células reproductoras y por las *leyes generales de la herencia.** El punto de partida de la formación de un nuevo ser está en la unión, designada como fecundación, de una célula reproductora masculina con una célula reproductora femenina. Esta tiene lugar normalmente mediante el apareamiento, o sea, la unión sexual de dos animales, y modernamente también, sobre todo en los bovinos, mediante inseminación artificial.

En la *fecundación,* los elementos esenciales de la célula reproductora masculina —el espermatozoide— se introducen en la célula femenina —el óvulo—. Como quiera que hay que considerar a las células reproductoras como portadoras de las disposiciones hereditarias, la unión material

* Pueden encontrarse exposiciones al alcance de todo el mundo acerca de las leyes y los problemas principales de la genética, que no entran en los límites de este libro, en las obras, entre otros, de Kühn, Reinöhl y Goldschmidt. (V. bibliografía.)

de dos células de sexo distinto significa también la de dichos factores, procedentes de ambos progenitores, o sea, del padre y de la madre. En el óvulo fecundado, que representa el punto de partida del nuevo ser que se desarrolla en el claustro materno, se hallan presentes disposiciones hereditarias procedentes de ambos progenitores. Lo significativo es, en este proceso, que las células reproductoras que intervienen en la fecundación sólo poseen siempre una parte de sus disposiciones hereditarias originarias, porque se han producido en ellas procesos que, como consecuencia de divisiones celulares, han conducido también a la división de la sustancia celular y, con ello, de las disposiciones hereditarias. Antes de estas divisiones de maduración, las células reproductoras contienen cada disposición o carácter en número doble, una vez por parte del padre y otra por parte de la madre, o sea, como "par de caracteres", en tanto que las células en condiciones de ser fecundadas, o maduras, sólo contienen un elemento de cada par, ya sea procedente del padre o de la madre, o un elemento de cada uno de los pares paterno o materno.

El *proceso de fecundación* conduce a la unión de caracteres paternos y maternos en el nuevo ser que se desarrolla partiendo del óvulo fecundado, en tanto que el *proceso de maduración* explica el hecho, al principio sorprendente, de que las disposiciones hereditarias comprobables en el padre o en la madre no siempre se hallen presentes en la descendencia.

En cada fecundación pueden combinarse caracteres genéticos del padre o de la madre en la forma más variada, conforme a las leyes del azar. Esto explica que en el conjunto de sus disposiciones hereditarias, o sea, en su genotipo, los descendientes puedan distinguirse unos de otros y con respecto a cada uno de los progenitores en grado a veces considerable. O sea que la constitución hereditaria variable de la descendencia resulta ya en forma inmediata de la multitud de las *nuevas combinaciones* posibles. Por otra parte, la aparición de propiedades y características totalmente nuevas, que no existían en los antecesores, puede ser producto de cambios repentinos de las disposiciones hereditarias, que se designan como *mutaciones* y que conocemos de los reinos animal y vegetal. Ignoramos las causas que conducen en la mayoría de los casos a la aparición de mutaciones, pero podemos presumir que éstas se ven favorecidas por cambios radicales en las condiciones del medio ambiente en que viven los animales. Como quiera, por ejemplo, que la domesticación de los animales, o sea, su traspaso a la condición de animales domésticos, ha representado en muchos casos modificaciones considerables de su tipo conjunto de vida, no sorprende que las *mutaciones de domesticación* no sean raras. Por supuesto, sólo nos damos cuenta de las mutaciones cuando se manifiestan al exterior en forma suficientemente clara y, en la medida en que éstas resultan favorables, pueden ser objeto de aprovechamiento zootécnico. Experimentos realizados con plantas e insectos demuestran que las influencias artificiales, como por ejemplo las radiaciones debidas a rayos X o al radium, determinadas sustancias químicas y temperaturas extremadas, pueden provocar mutaciones. En numerosos animales domésticos no se ha conseguido todavía producir mutaciones artificiales, y no se hable ya de influenciarlas en su dirección. En cambio, se conocen en dichos animales casos de aprovechamiento de mutaciones naturales, entre otros, en el ganado ovino. En éste se hizo famoso, en efecto, el caso de la raza llamada Ancona, que se distingue del cordero ordinario por la cortedad, genéticamente determinada, de las piernas. Con frecuencia se han producido cambios mutativos en el cráneo de los animales domésticos, entre otros, en el perro, y además en la forma de las orejas del perro y de los ganados bovino, ovino, caprino y porcino. También el pelaje de los animales domésticos ha experimentado repetidos cambios mutativos, pudiendo señalarse entre éstos el rizado del ovino Karakul como caso de mutación de domesticación.

El aumento por vía de mutación del número de los cromosomas en las plantas de cultivo, fenómeno conocido como *poliploidia,* parece tener en nuestros animales domésticos (cerdos), conforme a los estudios más recientes y en contra de la opinión anterior, algunos paralelos.

Cuando como consecuencia del apareamiento se unen no sólo una célula masculina y una célula femenina, sino que resultan simultáneamente fecundadas dos o más células femeninas por otras tantas masculinas, se producen *gemelos, triates,* etc. En contraste con ello, los llamados *gemelos uniovulares,* más raros, resultan de una sola célula fecundada.

Mediante la fecundación se produce la decisión relativa al valor genético del animal, o sea, que el conjunto de sus disposiciones hereditarias queda fijado y, prescindiendo de la posibilidad de cambios mutativos, permanece invariable. Sin embargo, la evolución y el desarrollo de las disposiciones presentes en el animal no están en modo alguno decididos todavía, sino que dependen en gran parte de las *condiciones de vida* en las que éste haya de crecer y conservarse. Desde el punto de vista de la crianza práctica es decisivo saber que la suma de las influencias exteriores a las que el animal se halla sometido —las llamadas influencias ambientales— y el conjunto de las condiciones en que vive revisten para el desarrollo de los caracteres heredados en él presentes importancia determinante. Por desgracia, en las explotaciones agrícolas este hecho fundamental se olvida con demasiada frecuencia todavía. No tiene sentido malgastar atención y alimentos en un animal que no dispone para su desarrollo de buenas disposiciones hereditarias, ya que no logrará nunca convertirse en un ejemplar realmente útil y productivo. En cambio, el animal dotado de las mejores condiciones tampoco conseguirá desarrollarlas por completo si no se le ofrecen las condiciones de medio ambiente, atención y alimentación requeridos. La tarea de la zootecnia consiste, pues, en producir animales de las mejores disposiciones hereditarias posibles y en cuidar estos animales de modo que dichas disposiciones puedan desplegarse y desarrollarse por completo.

Hay que asegurar, sobre todo, buenas condiciones ambientales a los *animales jóvenes,* ya que éstos son más sensibles que los adultos a las deficiencias de cuidado y alimentación. Esto es así ya durante el primer período de desarrollo del individuo en el claustro materno, y de ahí la necesidad de proteger a las madres desde el principio mismo de la gestación contra todas las influencias que puedan resultar nocivas para el animal en embrión.

En la crianza práctica se trabaja con arreglo a ciertos métodos y ciertos procedimientos que han dado buenos resultados y que también la zootecnia científica reconoce como justificados y útiles. Estos procedimientos parten de la raza o variedad como base. Así, pues, para comprender y apreciar los métodos de trabajo de la cría moderna de los animales, hay que familiarizarse ante todo con el concepto de raza y con los problemas relativos a la raza que la zootecnia agrícola tiene planteados.

a) *El concepto de raza y las características raciales*

La *sistematización zoológica* divide el reino animal en varias *clases.* Se entiende por clase un grupo de animales que poseen caracteres morfológicos y fisiológicos determinados, los llamados caracteres de la clase, y que en su forma y su comportamiento presentan cierta coincidencia. Los individuos pertenecientes a una misma raza son absolutamente fecundos entre sí, es decir: producen descendientes que, apareados entre sí, vuelven a su vez a producir descendientes fecundos. Sin embargo, los animales comprendidos en cada caso en una misma clase zoológica se distinguen entre sí en muchos aspectos, a pesar de coincidir en los caracteres de su clase. Esta circunstancia hace necesaria, para la labor del criador, la división de la clase en subgrupos que en el lenguaje del criador se designan como razas.

En el curso del tiempo se han esforzado muchos autores por dar una definición del *concepto de "raza"* en el sentido de la cría de los animales agrícolas, habiéndose revelado que la caracterización categórica y exhaustiva de dicho concepto es prácticamente imposible. Podemos renunciar a reproducir aquí cierto número de definiciones más o menos acertadas que apenas facilitan la comprensión y más bien podrían crear confusión. Baste aducir como ejemplo de todas ellas, y al propio tiempo como prueba de las dificultades que dejan subsistir, la explicación del concepto de raza de Kronacher:* "Por raza se entiende hoy en día un grupo de animales de la misma sangre que sobre la base de su origen, de determinadas propiedades morfológicas y fisiológicas y de su empleo útil presentan cierto parentesco, se distinguen por sus características exteriores y por la clase y el volumen de sus funciones, así como por sus necesidades en elementos vitales para la realización de dichas funciones, respecto de otros animales de la misma clase y, en igualdad de

* Kronacher, C., *Allgemeine Tierzucht,* sec. 3ª, 2ª, ed., Berlín, 1922.

condiciones del medio exterior, producen descendientes iguales o parecidos."

El primer criterio para la inclusión de los animales en una raza está en que presenten en común determinados caracteres que, al menos en dicha combinación, no aparecen en los demás individuos de la clase correspondiente. Los individuos de una raza determinada se dejan reconocer como tales con tanta mayor facilidad y seguridad cuanto mayor sea el número y más clara la marca de los caracteres que poseen en común y cuanto menos éstos se presenten en común en animales ajenos a la raza, o sea, en otras palabras, que los individuos de una raza se manifiestan como tales en forma tanto más clara cuantos más rasgos típicos reúna la raza en cuestión y cuanto más marcadamente se manifiesten éstos en los animales individuales. Aquellos animales que no poseen los caracteres propios de una raza determinada, o los poseen en forma poco acusada, se designan como bastardos. La experiencia enseña que en este aspecto pueden darse entre las distintas razas diferencias considerables, ya que algunas de ellas disponen de un número relativamente grande de caracteres raciales de este tipo, en tanto que no es así, o lo es en menor extensión, en otras. En esta conexión puede hablarse de *razas bien caracterizadas* o *bien tipificadas* por un lado y de *razas mal caracterizadas* o *mal tipificadas* por el otro. Constituyen ejemplos de razas bien tipificadas el ganado bovino Angler y el cerdo Berkshire. Ambas se distinguen, en efecto, por cierto número de caracteres raciales morfológicos y fisiológicos fáciles de reconocer, por virtud de los cuales difieren claramente de las demás razas de sus respectivas clases.

Su pelaje rojo liso, su talla mediana, su peso más ligero en comparación con el de otros tipos de la llanura y sus formas, que encarnan el tipo lechero, imprimen al ganado Angler su carácter. Lo distinguen además de las otras razas su producción de leche, que es alta en relación con su tamaño. En cuanto al cerdo Berkshire, éste se distingue exteriormente ya de las demás razas porcinas por la coloración negra de su pelaje, por su tamaño reducido, su conformación compacta, redondeada, de piernas cortas, y por su cabeza relativamente corta, cóncava, con las orejas derechas; se añaden a éstos, como signos morfológicos característicos, su madurez precoz y su buena capacidad de engorde y de formación de grasa.

El segundo elemento esencial del concepto de raza, o sea, la transmisión asegurada de los caracteres raciales a la descendencia, presupone que los individuos de una raza deben poseer en su genotipo los genes de las propiedades correspondientes, ya que sólo así pueden transmitirlas a su vez. De acuerdo con nuestros conocimientos actuales acerca de los procesos de la herencia, sólo podría en realidad considerarse como *verdaderos representantes de su raza* a aquellos animales que están dotados de los caracteres raciales en forma pura (homocigóticos), ya que sólo así queda normalmente asegurada en los apareamientos recíprocos la aparición constante de los caracteres en cuestión en todos los descendientes, en tanto que en otro caso las particiones de los cromosomas, y con ello las alteraciones del carácter de raza, son inevitables.

La condición teórica de *herencia pura* de todos los individuos de una raza, por lo que hace a los caracteres raciales, no se cumple prácticamente nunca. Sin embargo, hay que tener presente que dichos caracteres aparecen en la descendencia en forma tanto más segura y regular cuanto mayor sea en el interior de una raza el porcentaje de animales que satisfacen dicha condición, o bien, para expresarnos con los criadores, cuanto más depurada y *consolidada* sea la raza en sus propiedades características,

Los signos y propiedades que en la práctica zootécnica se consideran generalmente, o por lo menos en algunas razas, como criterio de pertenencia de un animal a una raza determinada, o sea, de su pureza de raza y, por consiguiente, como *caracteres raciales,* son muy variados. Se tienen en cuenta, en efecto, tanto signos y propiedades morfológicos como fisiológicos. De la multitud de los mismos sólo se indican a continuación unos cuantos.

El *aspecto y la impresión de conjunto* de los animales son característicos para muchas razas; se transmiten por lo regular al interior de las mismas con gran seguridad; son en general fáciles de reconocer desde el exterior, y pueden por consiguiente considerarse en muchos casos como buenos caracteres raciales. Por lo que hace al aspecto conjunto, son determinantes no sólo las dimensiones del cuerpo, sino también las proporciones de las distintas porciones de éste entre sí, siendo precisamente el desarrollo de determinadas partes en desviación de lo normal lo que en ocasiones confiere a una raza su carácter.

Así tenemos, por ejemplo, razas de tronco corto, compacto, y otras de tronco largo y angosto; razas de sección torácica oval y otras en forma de tonel; razas de pelvis ancha y otras de pelvis cerrada; razas de pierna larga y otras de pierna corta. Las condiciones ambientales pueden actuar, por supuesto, en sentido más o menos modificador, pero, en conjunto y en condiciones un tanto normales de atención, los caracteres raciales se conservan.

Algunas razas se distinguen por la posesión de rasgos morfológicos particulares, de transmisión muy constante y poco sujetos a las influencias exteriores. Estos rasgos constituyen en tales casos caracteres seguros y fáciles de reconocer. Figuran entre estos rasgos, entre otros, el perfil de la cabeza (la línea de la frente a la nariz) de algunas razas equinas y porcinas; la forma y la posición de las astas en los bovinos; la forma y la posición de las orejas en los cerdos; la forma de la grupa (pelvis) en algunas razas de caballos y de cerdos; la forma y la caída de la cola en determinadas razas equinas, ovinas y porcinas, etc. Experimentos con cerdos han revelado, sin duda, que pueden conseguirse por medio de alimentación extrema determinadas modificaciones del perfil racial, y la experiencia enseña por su parte que también la forma y el tamaño de las astas pueden influenciarse en los bovinos mediante cambios pronunciados y prolongados de las condiciones ambientales y, en particular, de las climáticas; sin embargo, a los fines de la zootecnia práctica, estos signos pueden considerarse de todos modos como caracteres raciales bastante seguros.

El *color y las manchas,* lo que se llama el pelaje o capa, constituyen manifiestamente, sobre todo en los bovinos, los ovinos y los caprinos, caracteres raciales, ya que, para algunas razas, determinadas manchas de color son típicas; en cambio, no lo son en nuestras razas equinas alemanas, ya que en algunas de ellas se encuentran unos al lado de otros colores de pelaje muy diversos, aunque ciertos colores son más frecuentes en algunas razas que en otras. La selección en favor del color, practicada en parte desde hace ya muchas generaciones, ha contribuido indudablemente a que en nuestros animales domésticos la coloración sea, por lo general, bastante uniforme y a que ésta constituye en no pocos casos aquella de las características raciales en la que la uniformidad y la igualdad deseadas han progresado más, en tanto que otras propiedades económicamente más importantes dejan todavía mucho que desear. En circunstancias normales, las condiciones ambientales apenas llegan a cambiar el carácter racial del *color.* Ello explica que, al juzgar la raza o respectivamente la pureza de raza de un animal, se recurra en primer término al color y sus particularidades. Constituyen, en efecto, una especie de etiqueta o marchamo de fábrica fácil de identificar. Sobre todo en el caso de razas de nueva formación, poco igualadas todavía desde el punto de vista de las demás propiedades, constituyen a menudo el color y las manchas el elemento más inmediato y aun a veces único para la determinación de la raza.

Los llamados *defectos de color,* como manchas en las pezuñas o la presencia de pigmentación en la mucosa nasal de los bovinos, se consideran en algunas razas como indeseables. Se interpretan, en efecto, como señal de que el animal que las ostenta no es de raza pura. Esta interpretación no está exenta del todo de fundamento cuando exista la sospecha de que el "defecto de color" pueda ser consecuencia de cruzas indeseables, por cuanto económicamente perjudiciales, con animales de otras razas.

La *conformación* constituye, por lo menos hasta cierto punto, una propiedad racial. A su vez, la capacidad de adaptación a condiciones cambiadas de ambiente, que en el lenguaje de los criadores se designa en forma no muy apropiada como facultad de aclimatación, depende en gran parte de la conformación. No es de extrañar, pues, que también esta propiedad, tan importante desde el punto de vista económico, se presente diversamente acusada en las distintas razas y pueda en consecuencia considerarse en sí misma como característica racial. El hecho mismo de que muchas razas, a pesar de sus ventajas indiscutibles, no hayan logrado extenderse mucho, en tanto que otras se han extendido considerablemente más allá de su patria originaria, demuestra ya de por sí que la capacidad de adaptación se halla genéticamente determinada. La experiencia vuelve a revelar siempre que las distintas razas reaccionan diversamente a las condiciones cambiadas de vida. Las diferencias en este sentido son incluso muy considerables, lo que explica también, por lo menos en parte, que algunas razas de animales domésticos pudieran mantenerse a pesar de fuertes cambios en la atención y la alimentación, al paso que otras han desaparecido por completo o se han visto relegadas a importancia secundaria.

Como quiera que en la cría alemana no suelen por lo general mantenerse —por razones económicas— *razas de madurez precoz,* las características correspondientes no se manifiestan entre nosotros en forma tan pronunciada como en otras razas extranjeras.

Hay que considerar también como característica racial el *contenido en grasa de la leche* en los bovinos. En efecto, el contenido medio de la leche en grasa difiere mucho, aun hoy, de una raza a otra, aunque aquí —hecho muy significativo desde el punto de vista económico— las medidas zootécnicas del hombre hayan logrado, en parte incluso considerablemente, aflojar la dependencia genética manifiesta de esta característica racial.

Como puede verse, la serie de las características y propiedades que han de considerarse como ligadas más o menos fuertemente a la raza se deja prolongar sin dificultad. Así, por ejemplo, pueden citarse todavía aquí como *características morfológicas,* entre otros: el *tamaño* y el *peso del cuerpo,* la *conformación del esqueleto,* el *perímetro de los huesos* y el *grueso y la condición de la piel;* en los bovinos, la *pigmentación de las astas,* las *pezuñas* y la *mucosa nasal;* y como *características fisiológicas:* la *fecundidad,* la *eficiencia alimenticia,* la *capacidad de engorde,* la *capacidad de trabajo,* la *producción de lana* y la *calidad de la lana.*

Son, por lo tanto, muy diversas las características que la zootecnia acostumbra a designar como raciales. Las hay, entre éstas, algunas que manifiestamente no influyen en el valor zootécnico o económico del animal y no tienen, por consiguiente, mayor importancia en sí mismas, como, por ejemplo, la forma y la posición de las orejas o el curso del perfil de la cabeza, en tanto que otras, como la fecundidad o la eficiencia alimenticia, revisten, en cambio, grande importancia económica. Tenemos, pues, características tanto morfológicas como fisiológicas; tenemos propiedades de fácil y segura identificación, como el pelaje; pero hay otras, en cambio, como la eficiencia alimenticia, cuya apreciación exacta resulta a veces muy difícil. No pocas de las características y propiedades mencionadas son tales que ya en el examen superficial —instintivamente, como quien dice— se tiende a clasificarlas como grupos o complejos de propiedades.

Se plantea ahora la pregunta de ¿por qué hoy, todavía, se sigue atribuyendo en la zootecnia práctica tanta importancia a la presencia o ausencia de determinadas características tenidas por raciales y que manifiestamente no influyen en sí mismas ni en el valor zootécnico ni en el valor económico y no revisten, por consiguiente, importancia práctica alguna? La razón de ello es que se trata en estos casos de características que se manifiestan claramente al exterior y que, por consiguiente, al juzgar a un animal desde el punto de vista de su raza, saltan inmediatamente a la vista, lo que no ocurre con otras características en tanto grado, o no ocurre en absoluto. Pero, para poder contestar adecuadamente a la pregunta planteada, hay que ilustrarla desde el punto de vista del origen o, respectivamente, del desarrollo de las razas.

No tiene, en efecto, nada de extraño que, en una época en que la zootecnia se hallaba todavía a un nivel relativamente bajo y la selección se practicaba a menudo sobre la base exclusiva de la apreciación exterior —y en defecto de métodos y criterios mejores había de practicarse necesariamente así—, se atribuyera a estos caracteres *for-*

males especial importancia y se los considerara como decisivos en la elección de los animales. Ahora bien, la consideración insistente de estos caracteres en la selección había a su vez de llevar necesariamente a que se fueran convirtiendo, en grado cada vez mayor, en características comunes de las razas consideradas y se fueran propagando, al interior de cada una de ellas, en forma cada vez más segura, a las descendencias respectivas, con lo que acabaron por convertirse efectivamente en rasgos raciales característicos. Fueron, pues, la constancia en la transmisión hereditaria y la facilidad de identificación las que llevaron a la valoración preferente de dichas características, ya que se creía tener en ellas un medio cuya aplicación permitía decidir la raza y la pureza de raza de un animal en forma fácil y segura. Y en la supuesta pureza de raza se consideraba tener a su vez una garantía de todas las demás propiedades que por razones económicas se deseaban y se esperaban. Se partía, pues, del falso supuesto de que la presencia o la ausencia de determinadas características de la clase mencionada, fáciles de identificar desde el exterior, garantizaban también sin más la presencia o la ausencia de las demás propiedades, que se consideraban asimismo ligadas en cada caso a la raza. Se creía, en efecto, que los animales de "raza pura" tenían todos la misma disposición para dichos "caracteres raciales", opinión que, como ya se ha dicho, se ha revelado errónea.

Hoy sabemos, en cambio, que los individuos de un grupo de animales constitutivo de lo que comúnmente se designa como raza distan mucho de coincidir en todas las llamadas características raciales, y que el grado de coincidencia en las mismas depende más bien del origen de la raza considerada, de su cultivo zootécnico por el hombre y de las condiciones del ambiente en que viven los animales, o sea, en otros términos, del genotipo y de las condiciones de vida.

Nuestros animales domésticos no son en modo alguno inalterables, ni en su número ni en su clase. Se los puede, pues, modificar y cambiar por medio de la zootecnia, creando otras razas. La historia de la zootecnia enseña que los cambios que los animales experimentan pueden ser provocados por factores naturales y económicos de la mayor variedad. En relación con las condiciones de la época y el lugar han ido apareciendo razas de animales domésticos que luego se han transformado y han acabado por desaparecer. La apreciación equivocada de las necesidades económicas y las posibilidades zootécnicas contingentes han conducido a menudo en este sentido a la adopción de medidas que a la corta o a la larga se han revelado funestas y, en lugar de las ventajas esperadas, sólo se han cosechado perjuicios. Así, por ejemplo, se han producido a menudo fracasos cuando, para conseguir rendimientos mayores, se ha intentado crear nuevas razas, en lugar de las existentes, sin pensar en que las razas nuevas o transformadas sólo prosperan y rinden económicamente a condición de que sus necesidades en materia de atención y alimento se vean satisfechas. Y estas exigencias suelen aumentar, por lo regular, paralelamente al aumento de la producción. La ignorancia o el olvido de este principio fundamental de la zootecnia ha ocasionado también en nuestra ganadería alemana, particularmente en materia de ganado bovino, grandes estragos y ha impedido su desarrollo. Es lo que ocurre también cuando con el afán de criar animales lo más precoces, grandes, pesados y compactos posibles, se presta demasiado poca atención a las condiciones del lugar y, con amor propio equivocado, se cree poder criar en regiones menos favorecidas por la naturaleza razas que prosperan bien en otras.

Siempre se vuelve a comprobar de nuevo que *la vinculación del animal al suelo* constituye una propiedad racial valiosa, por no decir imprescindible, a la que por lo regular no se puede renunciar sin grandes sacrificios económicos y aun, en la mayoría de los casos, ni con éstos. La vinculación local de una raza se manifiesta en su capacidad para adaptarse bien a las condiciones de su área de expansión, para superar condiciones locales, incluso desfavorables, aprovechar las favorables al máximo y, en la medida en que se trate de razas ya trabajadas zootécnicamente, para presentar sin oscilaciones excesivas las características y propiedades morfológicas y, sobre todo, fisiológicas. Vincular al suelo una raza de nueva introducción, o una raza considerablemente alterada por la labor zootécnica, y adaptarla a las condiciones locales constituye siempre una tarea difícil y a menudo prolongada, que sólo debería acometerse en unos pocos casos muy justificados. Por otra parte, no debiera nunca olvidarse que paralelamente con el aumento de los rendimientos suelen también subir las necesidades o, mejor dicho, que la satisfacción de las necesidades aumentadas constituye la premisa obligada del aumento de los rendimientos.

Las diferencias de los caracteres morfológicos y fisiológicos entre las distintas razas de una misma especie de animales domésticos son en parte extraordinariamente grandes. Son sobre todo los criadores ingleses los que han logrado en la formación de nuevas razas resultados sorprendentes, pero también la zootecnia alemana ofrece ejemplos notables tanto de creación lograda de razas nuevas como de transformación de las ya existentes. Una ojeada rápida a la historia de las razas de nuestros animales domésticos y a la multiplicidad de las razas hoy existentes ilustra cuán diversos son en este sentido los medios de que dispone el criador.

Nuestras razas actuales han estado sometidas a la labor zootécnica del hombre en grado diverso, y lo mismo difieren también la índole y el volumen de las influencias ejercidas sobre sus condiciones de vida. Muchas de dichas razas se hallan sometidas desde hace ya tiempo a labor zootécnica planeada, en tanto que en otras ni siquiera puede hablarse de una selección sistemática de los reproductores en gran escala. Por otra parte, para muchas razas las condiciones de vida se han modificado en el transcurso del tiempo en forma considerable, en tanto que para otras esto sólo se ha producido en menor grado.

Se habla de *razas rurales* (razas indígenas o primitivas) para designar a aquellas que se han constituido bajo la influencia del medio o, como se dice, del *terruño,* sin intervención zootécnica especial del hombre; en tanto que las razas formadas preponderantemente por la labor de éste en materia de selección y de conformación del medio se designan como *razas de cultivo* (razas zootécnicas). Las designaciones de *razas extensivas e intensivas* se cubren en gran parte con las anteriores. Forman un término medio entre las razas rurales y las de cultivo las llamadas *razas mejoradas* (razas de transición). Las razas rurales están más cerca de las formas silvestres de los animales correspondientes que las de cultivo, pero también ellas se han alejado ya considerablemente, tanto en su conformación como en su rendimiento y en sus necesidades, de dichas formas primitivas. En el sentido propio del vocablo, ya no existen en Alemania razas rurales, porque incluso en las que se designan como tales resulta manifiesta la influencia de las medidas zootécnicas. Esto es así, por ejemplo, en el cerdo rural hanoveriano-brunsviguiano, lo mismo que en los "Heidschnucken". Entre las llamadas razas mejoradas y las de cultivo la diferencia originariamente existente se ha ido borrando con el transcurso del tiempo, por lo menos en cuanto a Alemania, casi por completo. En conjunto, en efecto, ya no subsiste hoy entre el cerdo rural mejorado y el cerdo mejorado blanco, lo mismo que entre el ovino rural mejorado y el carnero alemán productor de carne, prácticamente diferencia alguna.

Desde el punto de vista de la raza, las características que reaccionan fácilmente y en forma acusada a las condiciones ambientales son de valor dudoso. La *falta de unidad y uniformidad* de las llamadas propiedades raciales, que se observa de vez en cuando en las razas sobre todo de nueva creación, es en ocasiones tal, que si se prescinde de cierto tipo unitario del aspecto exterior, o sea, de la ausencia de desviaciones exteriores extremas, del origen común y del aprovechamiento unitario, los demás elementos comunes sólo se extienden, al interior de cada una de aquéllas, a unas pocas particularidades. Por lo regular, se trata sobre todo de propiedades fisiológicas sujetas a fuerte variación. En estos casos es lícito preguntar si se puede todavía hablar de dichas propiedades, y hasta qué punto, como de propiedades raciales, o si no se trata más bien en realidad de propiedades de determinación individual que ya no pueden considerarse, por consiguiente, como elemento racial común. A menudo resulta prácticamente imposible decidir en casos concretos si un rasgo deba considerarse como característica racial o como propiedad individual. Entre ambos conceptos no existe, en efecto, una divisoria claramente marcada. Hasta cierto punto, todo rasgo es individual, ya que en todo caso existen entre los individuos de una misma raza diferencias individuales genéticas, o sea, debidas a la disposición hereditaria, aunque éstas diferencias escapen a veces a nuestra observación. Hay rasgos, o respectivamente complejos de rasgos, que pueden considerarse sn duda como características raciales, pero que se hallan sujetos de todos modos a fuerte influencia individual y varían por consiguiente, aun entre los individuos de una misma raza en grado relativamente pronunciado.

Lo mismo que para muchos otros rasgos y otras propiedades en general, hay que suponer también para muchas características raciales que no están determinadas por *un solo par de genes* (factores hereditarios), sino por varios a la vez. En estos casos, la probabilidad de que la transmisión de la característica correspondiente resulte asegurada es tanto menor cuanto mayor sea el número de pares de genes que intervengan, ya que con el número de éstos aumenta también el de las particiones, a no ser que para todos estos factores los animales apareados sean ambos homocigóticos, hipótesis que sólo se dará en pocos casos. Podemos admitir, pues, desde el principio —y el conocimiento científico confirma este supuesto a medida que va progresando— que precisamente las propiedades raciales económicamente más importantes, como son la producción de leche, la capacidad de engorde o la conformación, están determinadas por varios factores, cuando no por muchos, y que, por consiguiente, sólo puede esperarse la transmisión hereditaria de estas propiedades en particular en el caso de condiciones muy favorables. Se comprende, si se tiene presente esta circunstancia, la gran variación de las propiedades en una misma raza, que en la zootecnia práctica vuelve a observarse de nuevo a cada paso.

El concepto del *acoplamiento de factores hereditarios,* que la genética ha puesto en claro, ha de mencionarse aquí en conexión con la transmisión de las características raciales, ya que la aparición de genes acoplados puede revestir importancia para la zootécnica práctica. Así, por ejemplo, si se deja comprobar la transmisión acoplada de un carácter racial de fácil y segura comprobación exterior con otras que aunque no visibles revisten importancia económica, entonces puede legítimamente inferirse de la presencia de la característica exterior la existencia de las segundas. Los acoplamientos de factores genéticos de esta clase constituirían, en este caso, una justificación del llamado *formalismo* en la evaluación de los animales por su exterior.

Con frecuencia se ha podido ya verificar a propósito de las razas de animales domésticos —en el sentido general que la zootecnia práctica atribuye al término— extendidos por una región de condiciones naturales y económicas diversas, que se producía en los rebaños una *diferenciación* en el sentido de formarse en la raza tipos distintos, que se distinguen, hasta cierto punto, unos de otros, sin que por ello se perdieran las propiedades raciales generales. Se sabe, por ejemplo, que en algunas razas de bovinos cuya área de expansión abarca tanto el llano como las montañas, se han constituido, manteniéndose por lo demás las características raciales generales, dos tipos distintos, uno de los cuales se halla representado por el ganado del llano y el otro por el de montaña. Se tienen asimismo "modificaciones locales" de esta clase cuando, al transplantarse determinados animales de su región de origen a otras de condiciones ambientales fundamentalmente distintas, experimentan éstos cambios fenotípicos susceptibles de conducir a la constitución de un tipo determinado que difiera más o menos grandemente del tipo originario.

Las *diferencias de tipo* de esta índole pueden extenderse lo mismo a las propiedades morfológicas que a las fisiológicas, y se las designa como *modificaciones locales,* para expresar que se trata de cambios fenotípicos que no derivan de diferencias genéticas, sino que se hallan determinados únicamente por la diversidad del medio. Sin duda, queda aquí por responder la pregunta de si en tales casos no resultará en el ganado, en el transcurso del tiempo y por obra de la acción selectiva del hombre, una modificación también del genotipo, como consecuencia de que se prefiera a los animales mejor adaptados genéticamente a las nuevas condiciones, produciéndose en esta forma una desviación genotípica gradual.

Las razas de los animales domésticos pueden formarse por *cría pura,* pero pueden también ser resultado de *cruzas* entre dos o más razas. Esto es lo que ocurre con muchas razas, tanto alemanas como extranjeras, que no son siempre en modo alguno las peores. A título de ejemplo mencionaremos solamente unas razas alemanas tan valiosas y extendidas como son el caballo de sangre fría renano alemán, el ganado bovino amarillo de altura y el cerdo rural mejorado. Razas de cría pura en el sentido estricto del vocablo sólo hay muy pocas, ya que en casi todas las razas actuales se han producido, siquiera tal vez pasajeramente y en pequeña escala, cruzas con animales de otras razas. La *conservación del carácter racial* exige la atención constante del criador, para impedir que los genotipos extraños a la raza y que pueden eventualmente resultar de nuevas combinaciones de los factores hereditarios, o de mutaciones, se transmitan a la descendencia y puedan acabar por borrar y modificar el tipo racial. La identificación de individuos de esta clase resulta por lo regular más fácil si las condiciones ambientales de los animales son hasta cierto punto uniformes.

Se observa en muchos casos que en una misma raza se pueden destacar grupos de animales que se distinguen respecto de los otros por algunos rasgos especiales que transmiten, si se aparean entre sí, a su descendencia. No se trata, pues, aquí de simples modificaciones, sino de diferencias fundadas en los factores genéticos. Estos subgrupos de la raza se llaman variedades. Puede, pues, definirse la variedad como grupo de animales pertenecientes a una raza, los cuales, en condiciones ambientales prácticamente iguales, coinciden entre sí, no sólo en los caracteres generales de la raza, sino además en determinados caracteres y propiedades comunes heredados y heredables, con lo que se distinguen de los demás individuos de aquélla. Las dificultades que en la zootecnia se oponen a una definición adecuada y de aplicación general del concepto de raza vuelven a encontrarse, como es lógico, en la del concepto de variedad y en su aplicación. También en cuanto a la transmisión segura de los caracteres de la variedad constituirían la igualdad y la pureza genéticas de todos los individuos de ésta un antecedente teórico obligado. Por otra parte, al lado de nuevas combinaciones, pueden también las mutaciones, por supuesto, jugar un papel en la formación de nuevas variedades. En relación con la influencia de las medidas zootécnicas del hombre y la uniformidad y la vinculación al suelo de las variedades, lo mismo que con referencia a lo adecuado o inadecuado de los rasgos como caracteres de la variedad es de aplicación lo que ya se dijo a propósito de la raza y de sus características. Lo mismo que ésta, en efecto, la variedad no es algo natural e inmutable, antes bien un concepto convencional y variable creado por el hombre.

No contribuye ciertamente en modo alguno a la precisión del concepto de variedad si en el lenguaje de los criadores se habla también con frecuencia de variedades allí donde sólo se trata de modificaciones locales, o sea, en casos en que los rasgos de la variedad no derivan de diferencias genotípicas respecto de los demás individuos de la raza. El desarrollo zootécnico progresivo ha conducido a que, paralelamente a la uniformidad creciente de las condiciones económicas y naturales, se crearan para la cría de los animales domésticos grandes territorios de cría cerrados, con lo que la multitud de las variedades antes existentes, que a menudo sólo se distinguían unas de otras en nimiedades secundarias, ha quedado considerablemente reducida. Afortunadamente, los tiempos de estas que podríamos llamar "variedades de campanario", han pasado a la historia.

Es de lamentar, en cambio, que tanto en el lenguaje de los criadores como incluso en la literatura el término de variedad no se emplee a menudo en el sentido, lógicamente fundamentado, que acabamos de derivar, sino que en muchas ocasiones se proceda con él en forma completamente arbitraria. Las designaciones de raza y variedad se sustituyen, en efecto, con frecuencia una a otra o, respectivamente, se confunden y se emplean como sinónimas, a pesar de que, según se deja expuesto, la raza represente el grupo superior y la variedad el grupo subordinado.

Exigencias prácticas han conducido en ocasiones a reunir dos o más razas en un grupo de orden superior que en la sistematización hay que situar entre la raza y la especie y que cabe designar, en la forma más adecuada, como *grupo racial.* Pero, por desgracia, también aquí se presentan las mismas dificultades, y en ocasiones incluso la misma falta de consecuencia, en el empleo y la delimitación del concepto respecto de otros *grupos* que ya vimos al tratar de la raza y de la variedad. Como grupos raciales de este tipo podrían mencionarse acaso los grupos de caballos de sangre caliente y los de sangre fría, los de los bovinos de altura y los del llano, los de los ovinos productores de carne, de los productores de leche y de los ovinos rurales.

Se ha señalado ya que las características y las propiedades raciales que pueden aspirar legítimamente a esta apelación han de transmitirse con gran seguridad en la raza que se considere y sólo han de presentar, en cuanto al fenotipo y al genotipo, un margen reducido de variación. Es el caso, sin embargo, que no siempre se satisface a dichas exigencias y que, en la práctica zootécnica, se designan y aprecian a menudo por costumbre como características y propiedades raciales muchos rasgos y propiedades y, también, que no se distinguen suficientemente bien con respecto a los de otras razas y que, incluso en condiciones de vida idénticas de los animales, varían considerablemente. Afortunadamente, las pruebas de rendimiento, que se van introduciendo cada vez más en las distintas ramas de la zootecnia, nos proporcionan un material valioso y abundante que permite examinar las condiciones reales de las distintas razas. No es raro observar que se consideran y aprecian como propiedades raciales algunas propiedades que en realidad son "propiedades individuales". Para convertir a éstas en propiedades raciales propiamente tales, se requiere todavía mucha labor zootécnica en el sentido de la unificación en el seno de la raza, de los factores genéticos correspondientes. La aclaración del *lugar de la raza en la zootecnia* y la ilustración objetiva de su utilidad como instrumento zootécnico auxiliar se presentan como tanto más necesarias cuanto que las opiniones acerca del valor o la falta de valor de la raza en relación con la zootecnia práctica han experimentado en el curso del tiempo muchos cambios y distan mucho, aún hoy, de ser unánimes. Una apreciación excesiva es tan inadecuada, al respecto, como lo contrario.

Si bien en la constitución genética de nuestras razas de animales domésticos no se ha logrado todavía, según vimos, el estado al que aspiramos, no por ello sería menos erróneo computar el valor de *la raza como auxiliar de la zootecnia* demasiado bajo. En efecto, a los fines de desarrollo ulterior de nuestras existencias ganaderas, sigue correspondiendo a las razas, aun hoy, una misión importante. No puede ser cuestión, en efecto, de derribar el edificio de nuestra zootecnia, levantado partiendo de las razas como base con tanta y tan paciente labor, sino que de lo que se trata es más bien de ampliarlo y completarlo con fundamento en las bases ya existentes. El atenerse a la raza como principio de ordenación facilita indudablemente al criador práctico y, sobre todo, a la gran masa de los criadores medianos, la labor zootécnica o empieza incluso, podría decirse, por hacerla posible. A pesar de sus defectos e imperfecciones, las razas forman de todos modos en conjunto el soporte y la columna vertebral de la cría del ganado. Es la cría por razas, en efecto, la que antes que cualquier otra cosa ha puesto al criador importante en condiciones de aumentar cada vez más la productividad de sus animales y de llevar la zootecnia al punto elevado ya alcanzado. Las diferencias en las formas y los rendimientos entre los animales de pura raza en el sentido corriente y los carentes de raza son, en conjunto, tan grandes que hablan por sí mismos.

En conjunto, las razas existentes forman el marco dentro del cual podemos y debemos proseguir la labor zootécnica, y por ello la conservación y el mejoramiento de las mismas por medio de la cría pura y de la selección correspondiente constituyen el único procedimiento zootécnico que se pueda aconsejar a la gran masa de los criadores. Es indudable, por otra parte, que el empleo más intensivo de la cría interna (*inbreeding* de los autores ingleses) podría contribuir a acelerar el desarrollo deseado.

Actúa como freno del progreso zootécnico de la ganadería en general la circunstancia de que hasta el presente el registro de producción (*herdbook* de los autores ingleses) sólo abarca una parte relativamente pequeña de las existencias ganaderas, que es la única, por consiguiente, que se deja controlar en su ascendencia y en su valor genético. Y, sin embargo, sólo con estos animales resulta posible practicar una cría realmente planeada conforme a los conocimientos genéticos modernos. En el caso de la gran masa de los animales de cría, hemos, pues, de contentarnos con sacar del aspecto exterior y del carácter racial conclusiones relativas a la capacidad zootécnica y económica, procedimiento, según ya vimos, poco seguro.

En el intento de clasificar las razas dentro de las especies desde puntos de vista unitarios que satisfagan tanto a las exigencias de la ciencia como a las de la práctica, se han seguido varios caminos, ninguno de los cuales ha conducido, con todo, a resultados completamente satisfactorios. Parecía obvio emprender la *sistematización de las razas conforme a sus antecedentes históricos,* pero resulta que semejante clasificación no se deja llevar a cabo, ya que, para empezar, nuestros conocimientos relativos al origen de las razas de los animales domésticos son demasiado fragmentarios para poder edificar sobre su base. Otros puntos de vista que suelen de caso en caso adoptarse para la clasificación de las razas son los siguientes:

1) Distribución geográfica; p. ej.: caballo de sangre caliente Oldenburgo, bovino rojo centro-alemán, cerdo rural mejorado alemán.

2) Carácter fisiográfico del área de expansión, p. ej.: bovino negro-manchado del llano, bovino gris-bruno de altura, bovino estepario húngaro.

3) Caracteres exteriores, p. ej.: bovino amarillo franco, cerdo cóncavo Angler, cabra de color de cervato mejorada alemana.

4) Función zootécnica, empleo, rendimiento, p. ej.: caballo de carrera y caballo de tiro; bovino productor de leche, bovino productor de carne y bovino de trabajo; caprino de engorde, caprino lechero y caprino productor

de lana; cerdo productor de carne y cerdo productor de grasa.

5) Origen zootécnico, p. ej.: razas rurales, razas rurales mejoradas y razas de cultivo.

b) *Procedimientos zootécnicos*

Si después de examinar el concepto de raza y la importancia de las razas en la zootecnia práctica nos volvemos hacia los procedimientos zootécnicos, nos encontramos ante todo con que en la práctica zootécnica sólo existen, en realidad, dos procedimientos, a saber: el de la *cría pura* y el de la *cruza*. Todos los procedimientos de que se sirve el criador se dejan clasificar en uno u otro de estos dos grupos. El criador habla de cría pura cuando se aparean entre sí animales pertenecientes a la misma raza (o variedad), y de cruza, cuando los progenitores proceden de razas (o variedades) distintas. Esta distinción, corriente en la práctica zootécnica, no resiste a una crítica estrictamente científica y ha de precisarse y definirse mejor, por consiguiente, desde el punto de vista genético. En el sentido de la genética, sólo puede hablarse propiamente de cría pura cuando se aparean animales iguales en sus factores genéticos y genéticamente puros (homocigóticos), de modo que en sus descendientes no se produzcan particiones de los genes. Ahora bien, si partimos del conjunto de los factores hereditarios, o sea, del genotipo, las condiciones mencionadas —excepto en el caso por demás raro de gemelos uniovulares— no se dan nunca. En este sentido la cría pura no existe en absoluto. Por consiguiente, sólo puede tratarse de que, en relación con determinados factores hereditarios particularmente importantes, los animales apareados son homocigóticos (genéticamente iguales), lo que a su vez sólo será el caso en condiciones particularmente favorables. Para practicar sobre una base amplia una cría pura de este tipo, nuestras razas y variedades habrían de ser muy distintas de lo que son hasta el presente en realidad. Habrían de ser, en efecto, grupos de animales genéticamente unificados, por lo menos en relación con las características y propiedades raciales más importantes. Por desgracia, estamos todavía muy lejos de este ideal.

La razón de que el concepto de cría pura es difícil de fijar resulta, por una parte, del hecho de que adhieren al mismo todavía criterios tradicionales que, por lo demás, no coinciden en las distintas ramas zootécnicas y, por la otra, de la circunstancia de que dicho concepto lleva implícitas cantidades de consideraciones meramente prácticas. Hasta tanto que los conceptos de raza y tribu no se hayan fijado ni se dejen fijar en forma inequívoca, hasta tanto habrá que prescindir en relación con la cría pura de una definición exacta, contentándonos con el uso convencional del vocablo. En términos bastante generales se exige hoy que sólo pueda considerarse como cría pura el apareamiento de animales de una misma raza o variedad que posean todas las características típicas de la misma y puedan probar con la mayor extensión posible su pertenencia a la raza o variedad consideradas. Las condiciones que la zootecnia del registro en los libros de producción enumera para considerar a un animal como de raza pura varían en ciertos detalles según las clases y las razas de los animales.

Sin embargo, se exige en todo caso la prueba de que los antecesores de ambas líneas, paterna y materna, hayan sido también objeto de cría pura durante varias generaciones dentro de la raza considerada o, por lo menos, de una raza muy allegada a aquélla.

En la práctica zootécnica se habla de cría pura siempre que se aparean animales de una misma variedad. También los apareamientos entre animales de una misma raza se designan, por lo general, como cría pura, a condición de que la raza en cuestión no se halle subdividida en grupos, o sea, en variedades. Si ocurre esto último, entonces se producen divergencias en la interpretación práctica del concepto de cría pura. Así, por ejemplo, en tanto que en la cría caballar el apareamiento de individuos de distintas variedades ya no se tiene por cría pura, en otras, como en la del ganado bovino, por ejemplo, se suele ser, en la apreciación del concepto, mucho más liberal. La circunstancia de que los conceptos de raza y variedad no estén en modo alguno suficientemente delimitados uno respecto del otro, y que además se confundan o se empleen como equivalentes, aumenta las dificultades de una determinación clara del concepto de cría pura. Saber dónde queda en cada caso en el sentido de la zootecnia práctica la frontera entre la cría pura y la cruza es cosa, para decirlo con Kronacher,[1] ya sea de decisión arbitraria ya de acuerdo tácito o expreso entre los círculos zootécnicos interesados.

Cuanto más nos vayamos acercando al punto en que las razas y las variedades se desarrollen en forma que sus individuos se vayan aproximando al ideal genético, o sea, cuanto más aumenten la pureza y la igualdad genéticas de por lo menos las propiedades más importantes, tanto más evolucionará el concepto de cría pura en el sentido hoy corriente hacia el de la genética. Entonces aumentará también cada vez más la seguridad de la transmisión de las características y las propiedades raciales y, en lugar

[1] Kronacher, C., Allgemeine Tierzucht, sec. 4ª, 2ª ed., Berlín, 1921.

del *azar* en los resultados de los apareamientos, se introducirá más y más la posibilidad de anticipación segura de los mismos.

A condición de que, debido a la aparición de mutaciones o como consecuencia de ruptura de *acoplamientos de factores,* no se produzcan nuevos complejos genéticos, la desviación de una raza o de una variedad con respecto al valor genotípico medio sólo puede tener lugar dentro de límites determinados. Por consiguiente, la cría pura sólo ofrece posibilidades de mejoramiento y desarrollo zootécnicos limitadas; posibilidades, sin embargo, que en relación con las razas y variedades existentes no se hallan hoy todavía, ni con mucho, agotadas. Si la cría pura puede practicarse con rebaños *nivelados* ya, genotípicamente, hasta cierto punto, entonces ésta es la que ofrece la mejor garantía de que las características que determinan el valor de una raza o variedad se conserven y se vayan transmitiendo.

La *seguridad de transmisión* de las características y las propiedades raciales va aumentando en sí misma a medida que se va practicando con mayor esmero una selección basada en la cría pura. Para ello constituyen los libros de producción y las pruebas de rendimiento, junto con una apreciación inteligente del exterior de los animales, auxiliares valiosos para alcanzar el objetivo zootécnico o, por lo menos, para irse acercando al mismo. Habla también en favor de la cría pura la circunstancia nada desdeñable de que, por lo general, se la pueda practicar con razas y variedades ya arraigadas en el país y vinculadas al mismo y adaptadas, por consiguiente, a las condiciones ambientales en cada caso, lo que por lo regular constituyen, por lo que respecta a la razas, las variedades o las cruzas de nueva introducción una ventaja considerable.

Mencionemos como ejemplos de razas mantenidas desde hace ya muchas generaciones en cría pura al caballo Kladruber, que se cría en Bohemia, al ganado Jersey inglés y al ganado Angler, originario del noreste de Schleswig-Holstein, y como ejemplo de una raza producida por cruza, pero que de todos modos ha sido llevada en relativamente poco tiempo a la cría pura, al cerdo rural mejorado alemán.

Para reforzar y acelerar los efectos de la cría pura, ha venido practicándose desde hace tiempo la llamada cría consanguínea (*inbreeding* de los autores ingleses). El concepto de la *cría consanguínea* o interna no suele oponerse por lo regular al de la cría externa. En la práctica del lenguaje zootécnico actual se designa como cría consanguínea el apareamiento entre sí de animales emparentados (consanguíneos), considerándose como tales a los individuos en cuyas líneas paterna y materna de antecesores aparece, en las primeras cinco o seis generaciones, una o varias veces el mismo animal. Los animales emparentados tienen menos antecesores de los que podrían tener teóricamente (pérdida de antecesores). El grado de la cría interna suele computarse normalmente en la zootecnia por generaciones de antecesores. Para ello se parte, como criterio del grado de cría interna, de la posición del antecesor común. Se averigua en cuál generación de antecesores figura el antecesor común en las líneas paterna y materna respectivamente, incluyendo en el cómputo tanto la generación de los progenitores inmediatos como la del antecesor común. Este método permite fijar la posición del antecesor común en el cuadro genealógico y, con ello, en forma inequívoca, el grado de consanguinidad.

El cuadro genealógico del célebre toro Comet 155 (fig. 2) de la raza Shorthorn revela que dicho toro ha sido objeto de cría interna a partir de la 2ª generación por parte materna y de la 1ª, por parte paterna, en relación con el toro Favourite (252). Dicho toro Comet proviene de la cría del criador inglés Charles Colling y es uno de los *fundadores* de la raza Shorthorn.

Comet 155	Favourite	Bolingbroke (86)	Foljambe (263)
			Y. Strawberry
		Phoenix (86)	Foljambe (263)
			Favourite (Cow)
	Y. Phoenix	Favourite	Bolingbroke (86)
			Phoenix (86)
		Phoenix (86)	Foljambe (263)
			Favourite (Cow)

Fig. 2. Cuadro de antepasados del toro Shorthorn Comet 155.

La cría consanguínea era ya conocida en la Antigüedad como procedimiento zootécnico. Las razas criadas en Inglaterra en la segunda mitad del siglo XVIII y en la primera del XIX y que tanto contribuyeron a cimentar la fama mundial de la zootecnia de dicho país, entre ellas en primer término la raza Shorthorn, se produjeron en parte mediante el empleo pronunciado de la cría consanguínea, pero en la zootecnia alemana este procedimiento se ha juzgado alternativamente, según las épocas, con favor y disfavor.

Gracias al estudio de la *historia de la zootecnia* de las distintas razas, practicado en los últimos tiempos con mucha intensidad, estamos actualmente informados acerca de los antecedentes zootécnicos en las distintas regiones de cría. Resulta de ello que también en Alemania la cría consanguínea ha ejercido una influencia mucho mayor de lo que suele suponerse. Uno de los resultados importantes de estas investigaciones consiste en la prueba de que por lo regular contribuyen muy particularmente a la constitución de las crías unos pocos reproductores que imprimen a las mismas su carácter peculiar. Como es natural, se trata en estos casos de reproductores machos con gran número de descendientes. En relación con estos fundadores de líneas sanguíneas, se practicó una cría consanguínea en parte intensiva, de modo que se los encuentra entre los antecesores de muchos reproductores de sus razas respectivas. Son fundadores de líneas de sangre de esta clase muy conocidos el toro negro manchado del llano, Blücher 7345, criado en la Frisia oriental, y el toro manchado, Regent 566, empleado en la región zootécnica de Miesbach.

En época reciente ha sido *Krallinger,*[2] sobre todo, el que entre los científicos de la zootecnia se ha pronunciado en favor de la cría consanguínea. La designa, apoyándose en argumentos convincentes de la genética moderna, como instrumento eficaz para la consecución de planteles genéticamente unificados en el sentido de una zootecnia progresiva, sin por ello desconocer las dificultades que por distintas razones, de las que se hablará todavía, se oponen a la aplicación generalizada de la misma a nuestros animales domésticos. Resulta tanto más necesario poner de manifiesto dichas razones que, en ocasiones, por parte, sobre todo, de especialistas biólogos no zootécnicos se las suele subestimar. Si preguntamos por las causas de las opiniones —distintas según las épocas y aun hoy en ningún modo unánimes— acerca del valor o la falta de valor, del carácter beneficioso o perjudicial, de

[2] Krallinger, H. F., *Angewandte Vererbungslehre für Tierzüchter*, Stuttgart, 1937.

la cría consanguínea, la diversidad de los puntos de vista se explica por los resultados muy diversos conseguidos mediante su empleo en la zootecnia práctica. Los fenómenos que se observaron como efectos reales o supuestos de la cría consanguínea en las condiciones más diversas fueron tan dispares, que no se dejaban reducir a un denominador común y hubieron de llevar, como fácilmente se concibe, a una desconfianza más o menos pronunciada contra la cría consanguínea en general. Hoy, en cambio, los conocimientos de la biología en general y los de la genética en particular ponen en nuestras manos posibilidades muy otras que las de antaño para correr el velo un tanto misterioso que por espacio de mucho tiempo ocultó el problema de la cría consanguínea y para asumir frente a dicho procedimiento una actitud objetiva y provechosa.

Las leyes de la genética nos enseñan, en efecto, que toda cría consanguínea en relación con un antepasado determinado ha de conducir en los descendientes de éste a una acumulación de sus caracteres genéticos y a la *homocigosis;* el número de los heterocigóticos de las características y propiedades que siguen las leyes mendelianas de la transmisión hereditaria disminuye con la duración de la cría interna. Por consiguiente, la cría interna puede constituir un instrumento útil para llegar en forma relativamente rápida, según el grado en que se aplique, a una determinada constancia zootécnica. El volumen del aumento de los homocigóticos y, correlativamente, la disminución de los heterocigóticos en las generaciones sucesivas en el caso de cría consanguínea los distintos grados de parentesco se puede calcular biométricamente.

El *efecto* pleno *de la cría consanguínea* o sea, su mayor grado posible, sólo puede producirse si se da autofecundación, si los individuos particulares poseen la misma fecundidad y si subsiste en cada generación la totalidad de la descendencia, condiciones que en la naturaleza, y menos todavía en nuestros animales domésticos heterosexuales, no pueden darse nunca, ni aun en forma aproximada. Por consiguiente, el grado de homocigosis efectivamente asequible es sensiblemente más reducido, incluso en condiciones óptimas, que el teóricamente posible, y depende, por una buena parte, de las condiciones en que se practique la cría. En la práctica zootécnica un éxito duradero no se presenta en modo alguno en forma tan rápida como suele suponerse por parte de muchos, sobre todo habida cuenta de que en la práctica y por razones diversas la cría consanguínea interna se ve constantemente interrumpida por la externa.

Ahora bien, si la cría consanguínea conduce necesariamente a la *acumulación de los factores hereditarios* de los animales fundadores de la misma en la descendencia y a la disminución en ésta de los heterocigóticos, salta a la vista que el resultado de dicho procedimiento por lo que se refiere a la transmisión de los factores hereditarios mendelianos habrá de depender en gran parte de la constitución genotípica del animal individual con respecto al cual se practica dicha cría y puede ser, en consecuencia, muy variable. O en otros términos, las buenas y las malas propiedades del animal en cuestión se irán presentando acumuladas en la descendencia, y ésta se irá haciendo homocigótica en grado cada vez mayor, tanto en relación con las buenas como con las malas disposiciones. En consecuencia, los resultados en parte buenos y en parte malos de la cría consanguínea se explican perfectamente por las leyes mendelianas de la transmisión hereditaria, y cabe preguntar, por consiguiente, si además de éstas se deban admitir influencias de naturaleza biológica de la cría consanguínea como se hace en muchos casos. En todo caso, la importancia zootécnica de una determinación genotípica y de una selección escrupulosas de aquellos animales, precisamente, que han de reproducirse por vía de cría consaguínea es manifiesta.

La constatación de que en el interior de un plantel, de una raza o de una variedad algunos animales poseen manifiestamente factores hereditarios sobresalientes y valiosos para determinadas características y propiedades, engendra el deseo muy comprensible de propagarlos en los planteles en la forma más amplia y rápida posible. La cría consanguínea en relación con dichos portadores de factores genéticos lleva al aprovechamiento zootécnico intensivo de dichos individuos, los cuales aparecen en consecuencia como antecesores de muchos animales, y a que se establezcan *líneas de sangre* o *linajes* que se remontan a aquéllos. Por línea de sangre se entiende la sucesión de generaciones de animales de una cría que deriva de un antepasado común, el fundador del linaje.

La cría por líneas de sangre practicada conforme a plan y desde puntos de vista zootécnicos es indudablemente deseable y la creación consciente de buenas líneas de sangre, razas y variedades en las distintas regiones zootécnicas constituye el mejor camino para aprovechar al máximo las propiedades genéticas de animales valiosos con fines zootécnicos, mejorando al propio tiempo la unidad y la uniformidad genéticas de los planteles. Las perspectivas de éxito en las crías serán indudablemente mejores allí donde ya existan líneas de sangre determinadas, conocidas hasta cierto punto en cuanto a su valor zootécnico, de modo que, según el objetivo zootécnico perseguido, puedan efectuarse apareamientos que tengan en cuenta las particularidades de cada una de aquéllas.

Se observa en la zootecnia práctica que algunos individuos de determinados linajes forman manifiestamente buena pareja y producen una buena descendencia. Se supone que entre determinadas líneas de sangre o, respectivamente, entre los individuos de las mismas existen ciertas afinidades (constelaciones armónicas de los factores hereditarios) que en caso de apareamiento garantizan una buena *mezcla de sangre* y conducen, por consiguiente, a buenos resultados zootécnicos, en tanto que los productos zootécnicos decepcionan, en cambio, cuando se juntan líneas de sangre que no *concuerdan*. Si bien no se ha logrado establecer todavía una prueba que satisfaga plenamente a las exigencias científicas por lo que hace a la existencia o la ausencia de semejantes relaciones, las experiencias zootécnicas prácticas parecen de todos modos indicar, como ya se dijo, que los individuos de determinados linajes se avienen en parte mejor y en parte no tan bien. Queda pendiente la cuestión de saber si al lado de las constelaciones de factores hereditarios contribuyen también a dicho resultado las relaciones plasmáticas.

En las consideraciones precedentes se ha venido hablando, conforme a la práctica idiomática zootécnica, de sangre, de línea de sangre y de combinación de sangre, aunque estas designaciones nada tengan que ver, por supuesto, con la *sangre* en sentido propio, sino que el vocablo se emplea más bien aquí como equivalente de los factores genéticos y del valor genético.

En la práctica se ha revelado como erróneo esperarlo todo, en una región de cría, de una sola o de unas pocas líneas de sangre, prescindiendo de las demás, como suele suceder cuando una de estas líneas se ha hecho muy popular y se ha convertido en moda. Constituye una de las tareas más importantes de los grandes criadores de una región zootécnica, y ante todo de los institutos zootécnicos competentes, cuidar de que se disponga de líneas de sangre sanas, fecundas y productivas en número suficiente, y que éstas se combinen en forma adecuada. Pero esta tarea presupone un registro zootécnico practicado sobre una base suficientemente amplia.

Se ha venido observando desde hace tiempo que en las distintas regiones de cría, en las razas y las variedades algunos animales transmiten a sus descendientes con gran regularidad y en forma sorprendente características y propiedades, incluso puramente individuales, que se apartan del tipo racial general, con lo cual, a condición que se trate de reproductores machos, llegan en ocasiones a imprimir a una región entera su carácter individual. La investigación acerca del origen de dichos animales ha revelado en muchos casos que se trata de individuos que habían sido objeto de una cría consanguínea más o menos pronunciada. Se creía anteriormente, y se sigue en parte creyendo todavía, que había que suponer en dichos animales una capacidad de transmisión hereditaria particular, superior a la de las leyes de la genética, capacidad que se designaba como *fuerza de penetración* o *potencia individual.* Nuestros conocimientos actuales, en cambio, nos llevan a la opinión de que esta facultad innegable de algunos animales en cuanto a imponerse en materia hereditaria puede también explicarse, sin necesidad de recurrir a la intervención de fuerza misteriosa de *penetración* alguna, dentro del marco de la teoría genética. Será lícito, en efecto, suponer que los animales en cuestión son homocigóticos en relación con la característica o propiedad considerada, y si a esto se agrega, como suele ser el caso, que han sido objeto de cría consanguínea más o menos intensa, su fuerza de penetración queda perfectamente explicada, sin violencia alguna, por medio de las leyes genéticas generales.

La *cría por linajes* no debe llevar a sobrevalorar la influencia zootécnica de algunos excelentes reproductores y fundadores de líneas. No basta, en efecto, para garantizar la calidad zootécnica de semejante animal que en su árbol genealógico aparezcan, en una generación lejana, este o aquel otro ejemplar famoso. Sabemos por la genética que, en los casos particulares, después de algunas generaciones puede ya no quedar nada de los factores hereditarios de un "antepasado famoso" de esta clase. Es mucho más importante, por consiguiente, examinar las cualidades zootécnicas del conjunto de los antecesores, y en particular las de los progenitores inmediatos, que dejarse impresionar con exceso por la presencia en una generación lejana de un antecesor famoso. La línea sanguínea sólo es valiosa desde el punto de vista zootécnico si comprende no sólo un fundador famoso, sino a condición además de contar con generaciones subsiguientes de antepasados asimismo valiosos y productivos. Por ello ha de controlarse continuamente el *valor genético de todos los animales del linaje* y conservarse las propiedades valiosas del fundador, lo que sólo se consigue mediante apareamiento adecuado y eliminación sistemática de todos los descendientes genotípicamente inferiores. La cría por línea de sangre practicada en forma meramente esquemática, que no satisfaga los requisitos y sólo pueda exhibir, a título en cierto modo de propaganda, el nombre de su fundador, no posee desde el punto de vista zootécnico valor alguno. Son, pues, los compradores de reproductores, en primer término, los que tienen en su mano cuidar de que en la cría se tengan en cuenta las exigencias justificadas de la zootecnia. Como quiera que la cría por línea de sangre no es posible sin cierto grado de cría consanguínea, la cuestión relativa a los *daños de la cría consanguínea* interesa también en relación con la primera. La aparición entre los productos de la cría de elementos deficientes no constituye, contrariamente a lo que suele suponerse, prueba alguna en contra de la cría interna, sino que se explica como consecuencia de causas genéticas. Se consideran ante todo como daños de la cría interna los siguientes: regresión de la capacidad reproductora, o respectivamente de la fecundidad, hasta la impotencia o, respectivamente, la esterilidad; fallas de salud y, sobre todo, de conformación; manifestaciones de degeneración y descenso de las defensas contra las condiciones ambientales desfavorables; susceptibilidad aumentada para distintas enfermedades; retroceso de la productividad hasta convertirse ésta en nula y, además, en los animales jóvenes, trastornos de crecimiento y desarrollo.

Los daños de esta clase, de los que es sabido que suelen presentarse a continuación de cría consanguínea, no están de todos modos ligados necesariamente a este procedimiento, pues se dispone de observaciones y resultados experimentales que demuestran que se ha practicado cría consanguínea con distintos animales y en las condiciones más variadas —incluso, en parte, cría consanguínea estricta— por espacio de muchas generaciones, sin que se revelaran los daños mencionados ni otras consecuencias perjudiciales cualesquiera. Se han practicado experimentos favorables no sólo con animales pequeños, como ratas, ratones y cobayos, sino también, aisladamente, con animales mayores (cabras, cerdos). Por desgracia, la realización de experimentos en gran escala y de larga duración con animales domésticos mayores, que serían particularmente interesantes, presenta dificultades, empezando por las de orden financiero, casi insuperables. Puede admitirse, sin embargo, que la creación por cría consanguínea de estirpes de animales mayores y de los grandes animales domésticos ha de ser también posible en sí misma. Como resultado de observaciones tanto de animales que viven en estado silvestre, como de distintas razas y variedades de animales domésticos, y como resultado también de diversos experimentos zootécnicos, se ha constatado que no existe manifiestamente daño general alguno de la cría consanguínea que afecte por igual a todos los descendientes. Se observa, en efecto, que los distintos individuos reaccionan con frecuencia diversamente a dicho tipo de cría, o sea, que se han creado animales, lo mismo que familias y variedades enteras, completamente inmunes contra la cría consanguínea, en tanto que en otros, criados en las mismas condiciones, dicha inmunidad no se ha dejado comprobar o, por lo menos, en el mismo grado. Estos hechos sugieren como probable la hipótesis de que los daños que se presentan a continuación de la cría consanguínea puedan ser provocados en cada caso por la combinación de los factores genéticos de los distintos individuos. Según esta hipótesis, sólo se produciría influencia nociva de la cría consanguínea cuando ésta llevara en los individuos considerados a una *acumulación de genes perjudiciales indeseables,* de modo análogo a como la influencia favorable de este procedimiento, observada por lo demás en multitud de casos, resultaría asimismo de la acumulación de factores hereditarios deseables. Prescindiendo de otras nuevas combinaciones posibles de los factores hereditarios, la cría consanguínea puede conducir a que los genes nocivos indeseables, que originariamente permanecían ocultos (recesivos), se presenten en forma homocigótica y se manifiesten, por consiguiente, al exterior (fenotípicamente), lo que se designa entonces como "daño de la cría consanguínea". Pero también el *acoplamiento genético* de factores deseables con indeseables en el genotipo puede producir efectos perjudiciales y aun, en determinadas circunstancias, poner en peligro la existencia de las formas homocigóticas. Las disposiciones perjudiciales de esta clase pueden afectar las propiedades más diversas, así, por ejemplo, la forma y el desarrollo del cuerpo, la salud y la conformación del animal, su productividad zootécnica y económica, etc. En relación con algunos factores esto se ha dejado ya comprobar.

Resulta difícil decidir si entre las distintas especies de animales, lo mismo que eventualmente entre las distintas razas de cada especie, existen o no, y hasta qué punto, diferencias en la *sensibilidad a la cría interna* o, respectivamente, en la susceptibilidad a los daños de ésta. En términos generales, los caballos y los bovinos pasan por ser poco susceptibles a dichos daños, en tanto que los cerdos y las cabras se consideran como muy susceptibles a ellos. Después de lo que se ha dicho a propósito del problema de los "daños de la cría consanguínea", resulta obvio que estos datos generales no nos sirven de gran cosa. En relación con los cerdos, en particular, se dispone también de observaciones en sentido contrario, y no andaremos probablemente muy lejos de la verdad suponiendo que precisamente en el cerdo, cuyas razas de cultivo actuales son producto de cruzas múltiples, haya que contar en mayor grado con la presencia de genes recesivos indeseables, lo que explicaría la aparición de los daños de la cría consanguínea en consonancia con la teoría genética de Mendel.

En conclusión, puede decirse a propósito de la cría consanguínea, cuya historia, significación y posibilidades de aplicación se han tratado aquí con mayor extensión en gracia a la importancia del procedimiento, lo siguiente: la cría consanguínea se ha revelado en muchos casos como *instrumento adecuado,* por no decir imprescindible, *para la acumulación y la fijación de factores hereditarios valiosos,* para la creación de líneas de sangre y en la cría de nuevas razas y variedades. Sin embargo, a la larga sólo puede tener éxito a condición de que se disponga de material animal sano y sin tara constitucional alguna, que el valor genético de los animales puede averiguarse en forma lo más segura posible, y que se pueda proporcionar a los animales condiciones de vida sana y natural. En casos justificados habrá que correr los riesgos de la cría consanguínea en interés del progreso zootécnico. Por lo demás, la cría consanguínea no constituye un procedimiento adecuado para la gran masa de los criadores, sino que para aplicarse con éxito requiere experiencia particular y conocimientos biológicos y, además, una capacidad zootécnica superior al promedio.

En zootecnia se habla de *cruza* cuando se aparean animales de distintas razas o, respectivamente, de distintas variedades, siendo por lo demás indiferente en principio a cuál de ellas pertenezcan el macho o la hembra.

El *motivo para proceder a las cruzas* puede ser de índole muy diversa, pero en último término se deja reducir siempre al descontento de los criadores o ganaderos en relación con las propiedades, los rendimientos o las necesidades de los animales, razas o variedades existentes. Resultan clases distintas de cruza según que se persiga una sustitución lo más completa posible de una raza o variedad por otra, o que sólo se desee sustituir algunas características o propiedades o, respectivamente, enriquecer los planteles existentes con determinadas propiedades de las que carecen. Puede además recurrirse a la cruza con la intención de reunir en una nueva raza (o variedad) las propiedades deseables de otras dos o más razas. En consonancia con el fin perseguido, se habla en la práctica zootécnica respectivamente de *cruzas de sustitución, de mejoramiento* y *de reunión.* Otro tipo de *cruza* es la *de explotación* o comercial.

Las dificultades que la cruza como procedimiento zootécnico lleva aparejadas en cada caso —con excepción de la llamada cruza de explotación— provienen del hecho de que, después de cada una de ellas, ha de producirse en la generación filial una partición de los factores genéticos, ya que los individuos de la primera generación de la cruza son heterocigóticos y, en consecuencia, sus descendientes son distintos por lo que hace al genotipo. Por consiguiente, sólo cierto porcentaje de la descendencia puede estar genéticamente en condiciones, en las cruzas, de poseer las propiedades y las características deseables y de transmitirlas a su vez. El éxito de estas clases de apareamientos o, respectivamente, el número de generaciones necesarias para asegurar la transmisión hereditaria de las propiedades deseables depende en primer lugar de la constitución genética del material de que se parte y del modo de transmisión hereditaria de las propiedades correspondientes y, en segundo lugar, del rigor de la selección a que se someta la generación filial. Cuanto más rigurosamente se eliminen de la reproducción ulterior todos los individuos que no corresponden genotípicamente al objetivo perseguido, tanto antes se logrará el resultado apetecido. Sin embargo, en la práctica juegan siempre las necesidades económicas un papel importante e impiden a menudo que se pueda proceder en la selección en forma rigurosa. La *averiguación* lo más esmerada posible de la *constitución genética,* o sea, del genotipo, de cada uno de los descendientes de la cruza constituye una condición del éxito del procedimiento. Estas medidas zootécnicas exigen no sólo conocimientos y experiencia que no todos los criadores poseen, sino que comportan además también al principio sacrificios financieros. Si no se satisface a los requisitos señalados, lo más probable es que se fracase con el procedimiento de la cruza. La historia de la zootecnia presenta de ello muchos ejemplos, ya que con frecuencia no se ha logrado por medio de la cruza el objetivo propuesto, ya sea porque se hubieran subestimado las dificultades del procedimiento, ya sea porque no se estuviera dispuesto o, respectivamente, no se estuviera en condiciones de soportar el gravamen financiero que la eliminación de la descendencia inadecuada comportaba. La experiencia práctica enseña que en materia de zootecnia el empleo del procedimiento de cruza requiere, por lo general, más tiempo y dinero de lo que los interesados suelen al principio suponer.

Es, además, absolutamente indispensable tener presente que, precisamente en la cría por cruza, existen entre *las disposiciones hereditarias y el medio ambiente* relaciones recíprocas muy íntimas. En efecto, toda cruza determina un cambio del genotipo y, con ello, un trastorno más o menos pronunciado del *equilibrio entre el genotipo y el medio ambiente,* y este desequilibrio ha de compensarse lo antes posible. Por otra parte, en la medida en que se recurra en las cruzas a animales de razas más exigentes que el material de cruza originario, que es lo que se producirá normalmente, aumentarán también, paralelamente con los rendimientos superiores, las exigencias de los productos de las cruzas y de las generaciones subsiguientes en relación con las condiciones exteriores. Para las nuevas razas o variedades esto significa normalmente un gasto superior en alimento, tanto en cantidad como en calidad, en cuidados y en atención. Estos requerimientos serán por lo regular tanto más altos cuanto mayor sea la participación de la raza más exigente en la nueva cría.

La *cruza de reunión o de combinación* persigue el objetivo de reunir en una nueva raza o variedad las características y propiedades deseables de dos o más razas, tratando además al propio tiempo, como es natural, de eliminar en la medida posible las propiedades indeseables de las razas iniciales. En este tipo de cruza, las razas con las que se inicia entran en ella en cierto modo en pie de igualdad. El curso se desarrolla por lo regular de tal manera que los individuos de la primera generación de la cruza (la generación F_1) se aparean entre sí, y del producto de estos apareamientos, o sea, de la generación F_2, se seleccionan para la cría ulterior aquellos animales de los que se supone que poseen la combinación de factores deseada y pueden transmitirla en todo o en parte —si la suposición es justificada— a sus descendientes. Cuanto mayor sea el número de los factores de características de transmisión independiente que se trate de reunir por medio de la cruza de combinación en una nueva raza, tanto más difícil resulta obtener los tipos deseados y tanto mayor ha de ser el material animal disponible para poder proceder a la selección correspondiente. El objetivo de la cruza de combinación consiste, en último término, en criar individuos que sean homocigóticos en los rasgos que se quieren reunir por cruza en la nueva raza. Cuanto más rápida y completamente se deje esto conseguir, tanto más asegurada resulta la constancia de la nueva raza.

Al revés de la cruza de combinación, la *cruza de mejora* no persigue la reunión en una de dos o más razas más o menos equivalentes, sino simplemente el enriquecimiento de una raza existente con una o más propiedades deseables de otra, conservando los caracteres raciales generales de la primera. Así, pues, cuando una raza de estas condiciones da satisfacción en conjunto, tanto en su genotipo como en su rendimiento y en su costo, y sólo se desea añadirle una o algunas propiedades aisladas, como, por ejemplo, velocidad suficiente, o madurez precoz, cierta calidad de la lana o incluso algún rasgo físico exterior, se procurará tomar estas propiedades, por medio de la cruza, de alguna otra raza que las posea. Resulta obvio que semejante empresa ni es tan sencilla ni cuenta por anticipado con un éxito asegurado. Existe, por supuesto, el peligro —lo mismo que en cualquier otro tipo de cruza— de que no sólo se transmitan las características y propiedades deseadas, sino además otras menos deseables, o indeseables por completo, que luego resultarán tal vez muy difícil de eliminar, o de que se pierdan propiedades anteriormente existentes. Estas dificultades serán particularmente grandes cuando existan acoplamientos de factores de propiedades deseables con indeseables, como ya se ha podido demostrar en algunos casos.

El resultado de la cruza de mejoramiento se puede generalmente prever con tanto mayor seguridad cuanto menores sean las diferencias genotípicas entre las razas que participan en ella y cuanto más uniformes y *cultivadas* sean ya las razas utilizadas. Pero si se trata, en cambio, de genotipo poco uniforme, éstas aportarán en cada caso a la cruza factores diversos, y sus resultados podrán variar mucho.

Si las razas que se pretende cruzar difieren no sólo entre sí en las propiedades objeto de la cruza, sino que son además muy distintas en sus genotipos, son de prever descendencias menos armónicas y más heterogéneas, y no sólo se requerirán eventualmente muchas generaciones filiales para restablecer la *constancia de la transmisión hereditaria,* sino que dichas generaciones se distinguirán al propio tiempo mucho más de la raza que se pretende mejorar de lo que al principio se había previsto. Las cruzas de mejoramiento sólo deberían emprenderse siempre dentro de los límites estrictamente indispensables para la consecución del objetivo propuesto y, en caso necesario, habrán de repetirse de vez en cuando. Según lo enseña la experiencia, existe en el empleo de este procedimiento el peligro de excederse de la medida justificada y de llevar el *mejoramiento* más allá de lo que permiten las condiciones naturales y económicas de la región de cría de que se trate.

En la cruza de mejoramiento se procede partiendo de animales lo más armónicos y típicamente raciales posible, que no sólo presenten fenotípicamente las propiedades deseadas, sino de los que pueda suponerse además, sobre la base de la ascendencia y eventualmente de éxitos zootécnicos ya obtenidos, que son capaces de transmitir dichas propiedades a la descendencia de la cruza. Por lo regular, en la zootecnia práctica sólo se considerarán a dicho objeto animales machos, los cuales, por razón de su descendencia normalmente más numerosa, pueden ejercer una influencia mucho más amplia que las hembras.

Mucho más ambiciosos que en la cruza de mejoramiento son los propósitos que se persiguen con la *cruza de sustitución.* Trátase en este procedimiento, como su propio nombre lo indica, de una cruza que, por lo menos teóricamente, pretende sustituir una raza (o variedad) por otra. Por medio de ella se quiere sustituir las características y propiedades fundamentales de los planteles existentes por los correspondientes de otra.

Cuando una raza (o variedad), por la razón que sea, ya no satisface o no parece satisfacer a lo que de ella se espera, se tenderá a sustituirla por otra mejor o que se supone mejor. Y como el reemplazo inmediato en gran escala no resulta posible, entre otras por razones financieras, se intenta efectuarlo en forma indirecta por medio de la cruza de sustitución. Se importan animales, en su mayoría machos, de la raza deseada, se utiliza como base de la modificación zootécnica a las hembras, y se opera la selección de las generaciones filiales con referencia a los animales importados. Luego hay que ir apareando los productos resultantes de las cruzas con animales machos de pura sangre de la raza que se tiene en vista, por tantas generaciones como sea necesario para que la raza originaria quede diluida en la nueva.

Como forma particular de cruza hay que mencionar la llamada *cruza de renuevo de sangre*. Se designa como tal el empleo de animales no consanguíneos de la misma raza o variedad, tomados de otras crías o de otras regiones de cría, como suele hacerse sobre todo para prevenir los daños supuestos o reales de la cría consanguínea, y en particular también la importación en las áreas de recría de reproductores de regiones de cría originarias. La experiencia enseña que, por lo regular, resulta luego difícil mantener la independencia completa del área de recría con respecto a la región de origen de la raza empleada, y la dificultad aumenta, en ocasiones, debido a que por razón de amor propio se aspira a igualar en tipo, masa y peso a la región de cría original, en lugar de contentarse en este aspecto con adaptarse más a las condiciones ambientales de la de recría, con lo que la independencia respecto de aquélla se lograría en forma más rápida y segura.

De las formas de cruza examinadas hasta aquí, incluidas todas en el concepto de cruza zootécnica, se distingue fundamentalmente la *cruza comercial* o *de explotación,* que se emprende con el propósito de explotar inmediatamente los productos de la primera cruza, sin seguir cultivándolos.

Con determinadas ramas de animales de cría la cruza de explotación se viene practicando desde hace tiempo en muchas regiones. Esta práctica se explica teniendo en cuenta los buenos resultados que en determinadas condiciones se han obtenido con ella. En algunos tipos de explotación se ha revelado, en efecto, como muy útil. Los productos de la cruza reúnen en ocasiones propiedades que en las razas originarias sólo se presentan separadas, y las superan incluso en algún caso, aunque no siempre necesariamente en el desarrollo de determinadas características y propiedades. Así revelan con frecuencia, por ejemplo, mayor vitalidad, un desarrollo más rápido, más capacidad de engorde, eficiencia alimenticia aumentada y otras ventajas más.

A pesar de las ventajas indiscutibles de la cruza de explotación en cuanto a determinados empleos, los órganos y las corporaciones encargados del fomento zootécnico la consideran con espíritu crítico, cuando no directamente hostil. Esta actitud se funda en la observación frecuente de que, a pesar del objetivo preciso de este procedimiento, se sigue de todos modos criando luego con algunos animales de la primera generación, lo que conduce necesariamente en las generaciones subsiguientes a particiones que, con todas sus consecuencias perjudiciales, ponen en peligro la pureza zootécnica de la región.

Como quiera que la mayoría de las razas y variedades de animales domésticos que hoy se crían son producto de cruzas o, por lo menos, se han visto más o menos influenciadas en su desarrollo por cruzas pasajeras con otras razas, la historia de la zootecnia presenta muchos y muy interesantes ejemplos de los efectos del procedimiento de cruza en la evolución de los planteles. En la medida en que condiciones geográficas o etnográficas no aseguraran el aislamiento y con ello la pureza racial de determinados grupos de animales, como es el caso, por ejemplo, en islas o en regiones montañosas de difícil acceso, etc., o como se producía antes eventualmente por razones económicas, se fueron produciendo en grado cada vez mayor, a través de las migraciones de los pueblos, del comercio y del intercambio, mezclas y cruzas espontáneas, y sin intervención del hombre, de los tipos y orígenes más diversos. Y son precisamente los resultados de estas cruzas fortuitas los que probablemente inducirían al hombre a practicarlas en forma deliberada y consciente para procurarse ventajas económicas, hasta que, a medida que se iba progresando en cultura, los criadores se fueron adueñando cada vez más de los procedimientos de selección y apareamiento y los fueron modificando y perfeccionando. En lugar de las cruzas espontáneas incontrolables, se fue introduciendo así cada vez en mayor grado la cruza como procedimiento zootécnico con un objetivo determinado. En los tiempos históricos, como dice Kronacher,[5] "las cruzas han constituido para los criadores, en todos los países de cultura y hasta nuestros días, un medio muy apreciado para la modificación y el mejoramiento de las razas de animales domésticos existentes".

En Alemania se hizo sentir en el curso del siglo pasado la necesidad no sólo de aumentar los rendimientos de los animales sino también de cambiarlos en parte. No se creía poder lograr con los planteles existentes los aumentos ambicionados y se consideraba, por consiguiente, la sustitución de sus razas y variedades por otras o, por lo menos, su modificación zootécnica como absolutamente imprescindible y como asequible, al propio tiempo, por medio de la cruza.

Así empezó, pues, en la zootecnia alemana un período de cría que, moviéndose en gran parte bajo el signo de la cruza, había de conducir con el tiempo a modificaciones considerables de las razas existentes y de su distribución y a la distribución de razas y variedades nuevas, aunque no siempre con el éxito esperado. Antes bien, como consecuencia de medidas zootécnicas poco pensadas y erróneamente aplicadas, se produjo en ocasiones daño manifiesto de los planteles existentes —indiscutiblemente susceptibles de mejoramiento— y, con ello, un retraso del progreso zootécnico. Con frecuencia, en efecto, nuestros criadores se han dejado deslumbrar por los rendimientos

[5] Kronacher C., *Allgemeine Tierzucht*, sec. 4ª, 2ª ed., Berlín, 1921.

de razas extranjeras, criadas en sus respectivos países en condiciones sustancialmente más favorables y que, por consiguiente, al emplearlas para la cría por medio de la cruza de sustitución de nuevas razas en condiciones ambientales más modestas, habían forzosamente de fallar. Sin embargo, a pesar de estos fracasos regionales y temporales innegables, la cría por cruza ha contribuido de todos modos considerablemente, en conjunto, al mejoramiento de los planteles alemanes y de sus rendimientos, aunque no siempre en la medida esperada y, en ocasiones, a través de rodeos muy costosos.

El número de los animales producidos por cruzas naturales, o sea, no planificadas, sigue siendo aún hoy en día excesivo. Estos animales influyen en el rendimiento medio de la zootecnia del país y constituyen un peligro permanente para los planteles de cría pura. La sustitución de los mismos por animales típicamente raciales, de cría pura y productivos, constituye un imperativo urgente. En la medida en que la eliminación de estos animales no resulte posible por razones económicas, hay que tratar de mejorar gradualmente su descendencia por medio de la cruza de sustitución y de apareamiento con animales de raza pura. El peligro de las cruzas naturales es siempre mayor, por supuesto, allí donde en una misma región se crían unas al lado de otras —y aun entremezcladas distintas razas y variedades, así como en los límites fronterizos entre dos regiones. La regresión de las razas y variedades independientes que se manifiesta en los últimos decenios en la zootecnia alemana y la creación iniciada en relación con ello de grandes regiones cerradas de cría para una sola raza son en este aspecto muy de celebrar en cada caso, a condición de que no lleven a la pérdida de razas y variedades dignas de conservar. El cambio obligado del objetivo zootécnico exigirá también, en ocasiones, un cambio correspondiente de los procedimientos zootécnicos. Cuanto más domine el criador el arte de la zootecnia, tanto más fácilmente podrá efectuar dichos cambios, allí donde sean realmente ineludibles, sin grandes dificultades ni sacrificios económicos.

La zootecnia práctica ha de empezar con la selección de la raza, es decir, decidiendo con cuál raza se deba practicar la cría. Las razas de animales domésticos actualmente existentes varían considerablemente entre sí, no sólo en cuanto al exterior y los rendimientos, sino también en relación con sus exigencias en materia de atención, alimentación y cuidado. La mejor manera de satisfacer estos requisitos consiste por lo regular en atenerse en la elección de las razas a las tendencias zootécnicas imperantes en la región de que se trate, ya que en esta forma se facilitan también normalmente la adquisición o, respectivamente, el intercambio de los reproductores y la salida de los productos propios de la cría. En conjunto puede decirse que en Alemania poseemos afortunadamente razas probadas, arraigadas al suelo, bien dotadas en distintos aspectos, las cuales, por consiguiente, si se las cría y atiende bien, pueden dar rendimientos múltiples.

c) *Selección individual (determinación del valor genético)*

Si la cuestión de la elección de las razas se deja decidir en la mayoría de los casos sin gran dificultad, la tarea de examinar la pureza de raza de los reproductores destinados al apareamiento, decisiva por lo que hace a los resultados de la cría, resulta para el criador más delicada. Como quiera, en efecto, que la pertenencia de un animal a una raza determinada no representa por sí sola, según vimos, garantía alguna de su valor zootécnico y de la excelencia de sus factores genéticos, la selección ha de completarse, siempre que se trate de practicar una cría metódica, con la *apreciación de la capacidad zootécnica y del genotipo de los animales individuales.* Con esto pasa el animal individual al centro de la labor zootécnica, y la elaboración de métodos adecuados y seguros para la evaluación del valor genético se convierte en la tarea más importante de la zootecnia.

Independientemente de su sexo y de su pertenencia a una raza determinada, todo animal de cría posee características y propiedades que lo hacen más o menos adecuado para su empleo zootécnico. Según la teoría, sólo han de utilizarse en la reproducción animales que satisfagan por completo no solamente desde el punto de vista de su ascendencia, sino también de su conformación, de su buen estado fisiológico y de sus rendimientos zootécnico y económico, y de los que pueda esperarse la transmisión hereditaria segura de sus buenas cualidades. Sin embargo, en la zootecnia práctica rara vez será posible satisfacer todos estos requisitos. Según vimos, en efecto, animales sin tacha desde el punto de vista de la conformación y de las funciones biológicas los hay tan pocos como los hay que den absoluta satisfacción en cuanto a sus rendimientos zootécnico y económico. Por otra parte, las consideraciones naturales y económicas influirán también en cada caso en forma más o menos extensa en las medidas zootécnicas, y sería por lo demás erróneo anteponer los deseos zootécnicos a las exigencias económicas. Por consiguiente, un proceder gradual resultará también indicado, en la práctica, aun en aquellos casos en que, por ejemplo, la cría en sí misma se dejaría acelerar con el empleo de medidas más radicales, como ocurre con la adquisición de buenos reproductores femeninos. Por lo regular, el criador habrá de constituir la cría con las hembras de su propio plantel, y sólo podrá adquirir reproductores valiosos en forma limitada. Por consiguiente, no podrá proceder al principio, en la elección de los animales que se propone criar, con un criterio demasiado severo. Sin embargo, si la cría se ha de practicar con probabilidades de éxito, el material del que se parta habrá de reunir de todos modos determinados requisitos mínimos.

El objetivo que perseguimos en la zootecnia alemana, a saber: *la cría de animales que proporcionen rendimientos zootécnicos y económicos elevados durante una vida prolongada,* o sea, *rendimientos elevados y duraderos,* presupone que los planteles de los que saquemos los reproductores sean sanos e irreprochables desde el punto de vista de su conformación. *Salud y conformación* son, pues, las propiedades de cuya presencia depende en forma decisiva el volumen de todos los rendimientos y, en particular, el de los rendimientos duraderos. En efecto, sólo de animales sanos e irreprochables en cuanto a su conformación puede esperarse una prole sana y productiva ella misma. Si algunos trastornos patológicos derivan de la constitución genética, los animales afectados transmitirán también a sus descendientes, o por lo menos a una parte de ellos, las enfermedades correspondientes o, en todo caso, una mayor susceptibilidad de por vida para determinadas enfermedades.

Se habla de *defectos hereditarios* para designar aquellas enfermedades o deficiencias cuya aparición se basa en la disposición genética del animal considerado, ya sea que se hallen presentes en ella los factores hereditarios de la enfermedad misma, o que la conformación, genéticamente condicionada a su vez, favorezca dichos estados. Los defectos hereditarios constituyen siempre un gran peligro para la cría, y su eliminación es absolutamente necesaria. La probabilidad de su transmisión hereditaria es tanto mayor cuantos más antecesores del animal considerado los hayan poseído. En la manifestación de estas deficiencias juegan las condiciones ambientales un papel importante. Se concibe perfectamente que un defecto hereditario se halle en el genotipo de un animal y pueda por consiguiente transmitirse por ley de herencia, pero que de todos modos, debido a buena atención, crianza cuidadosa y tratamiento adecuado, no se manifieste en él mismo. En aquellas razas y planteles en los que al practicar la selección se pone atención en una buena salud y en la ausencia de fallas y defectos esenciales, el número de los animales fundamentalmente sanos se deja aumentar constantemente por medio de la eliminación de los animales deficientes.

Los animales de conformación fuerte y buena son, por lo general, no sólo más resistentes contra muchas enfermedades, sino que en caso de contraerlas las superan también en forma más rápida y completa. Una constitución débil y poco resistente significa en todo caso una susceptibilidad aumentada para los daños procedentes del medio ambiente. El valor de una buena constitución se manifiesta en la forma más clara y convincente frente a condiciones ambientales desfavorables y frente a exigencias zootécnicas y económicas aumentadas. La prueba más segura de una buena constitución la constituyen una crianza ruda, un mantenimiento duro y un trabajo pesado. Estas condiciones muestran la capacidad de adaptación del animal a las exigencias del medio.

El *examen* minucioso *del aspecto exterior* de los animales previstos para su empleo en la cría es necesario, porque, para empezar, hay que contar siempre con la transmisión de las fallas y defectos corporales y con la reaparición de los mismos en la descendencia o, por lo menos, en parte de ella. Desde el punto de vista zootécnico habrá por lo regular que aplicar en la apreciación de los defectos de conformación un criterio tanto más severo cuanto más tempranamente se manifiesten y cuanto menos se los pueda considerar como resultado de crianza y atención antinaturales o inadecuadas. En tales casos, en efecto, hay que suponer que son producto de disposición genética desfavorable, con lo que el valor zootécnico del animal considerado resulta desde el principio dudoso. Las fallas y defectos corporales son de menos peso, en cambio, cuando son manifiestamente consecuencia de malos tratos, de alimentación insuficiente o de trabajo o empleo zootécnico excesivos, de modo análogo a como hay que juzgarlos también por lo regular con menos severidad en los animales viejos, agotados ya por muchos años de reproducción y de trabajo.

Cuando por razones económicas no resulta posible prescindir en el empleo zootécnico de animales afectados de defectos físicos, habrá que esforzarse, mediante *elección adecuada de la pareja de apareamiento*, en buscar alguna compensación. Así, por ejemplo, se tratará de aparear una vaca de espalda poco ancha, pongamos por caso, con un toro que la tenga particularmente bien desarrollada. Sería en cambio completamente erróneo, en tales casos, querer compensar la falla o defecto de un animal con la falla o defecto opuesto de otro, ya que lo defectuoso unido a lo defectuoso no puede producir el equilibrio deseado. Sólo puede esperarse la atenuación o la desaparición de fallas mediante el empleo de parejas de apareamiento particularmente bien conformadas y que se hayan revelado en la práctica como buenos transmisores de sus respectivas cualidades.

Las *necesidades alimenticias* han de guardar una proporción adecuada con los rendimientos. Los animales difíciles de alimentar, caprichosos o exigentes en materia de alimentación, son poco adecuados. Por consiguiente, en la selección habrá también que tener en cuenta, en cuanto propiedad genéticamente condicionada, la *eficiencia alimenticia* o capacidad de aprovechamiento del alimento. Esto es tanto más necesario pues, por lo regular, los costos de alimentación constituyen una parte fundamental de los costos conjuntos de mantenimiento de los animales o, respectivamente, de los costos de producción de los productos animales. El *desarrollo rápido del animal joven,* y con ello madurez zootécnica y económica precoces, son deseables en sí mismos, ya que, en condiciones de igualdad, representan una disminución de los gastos de crianza. No debe olvidarse, sin embargo, que en el ámbito de su raza los animales excepcionalmente precoces presentan requerimientos aumentados de alimentos, en particular de proteínas, y son con frecuencia más delicados y susceptibles que otros. Los animales de madurez tardía suelen por lo regular conservarse por más tiempo y no se agotan en forma tan rápida como los marcadamente precoces.

Del *reproductor macho* exigimos, además de salud y constitución óptimas, un tipo racial y sexual claros, es decir, una estampa clara de las características y las propiedades de su raza y de su sexo. La conformación ha de satisfacer las condiciones ya expuestas en otro lugar y ha de estar por lo menos libre de aquellos defectos que permiten suponer una disminución considerable de su valor zootécnico. Frente a animales demasiado grandes, pesados o macizos, habrá que otorgar la preferencia a los medianamente pesados, de tronco profundo y ancho, sobre todo habida cuenta de que con los primeros hay que contar además siempre con un mayor consumo de alimentos. Cualidades que determinan el valor son, entre otras, un temperamento sin defectos, pero, dentro del marco de la raza, suficientemente vivaz de todos modos; rendimiento propio elevado y, en lo posible, asegurado también por pruebas de capacidad de los antecesores y de la descendencia ya existente, así, como, sobre todo, seguridad de transmisión hereditaria; una buena capacidad de fecundación y, finalmente, capacidad para el salto.

Como quiera que el animal macho ejerce a través de su descendencia, por lo regular más numerosa, una influencia mayor en la zootecnia del país que la hembra, habrá que aplicar en su apreciación un criterio particularmente severo. Los animales machos que no sirven para la cría pueden emplearse, una vez castrados, como animales de trabajo (el caballo y el buey), como productores de lana (el carnero) o como animales de engorde (el buey, el cerdo, el carnero y el macho cabrío) y compensar así, por lo menos en parte, sus mayores costos de crianza con respecto a los demás animales meramente económicos. Los requisitos que se formulan para los animales machos son de aplicación asimismo, en forma análoga, a las hembras. Sin embargo, en el caso de éstas habrá que hacer a menudo, por razones económicas, mayores concesiones. De todos modos, en la selección habrá que prestar siempre particular atención a las buenas cualidades maternales de la hembra y, sobre todo, al funcionalismo sexual normal y a una producción suficiente de leche.

Por lo regular sólo podrán cumplir con sus tareas maternales los animales sanos, fuertes, resistentes, de tronco largo, ancho, profundo y compacto.

El *valor económico de un reproductor* lo determinan los rendimientos zootécnico y económico que pueda reportar él mismo y, sobre todo, su capacidad para transmitir a la descendencia sus disposiciones genéticas de buenos rendimientos. Los animales que con un tratamiento y una alimentación adecuados no proporcionan ellos mismos rendimientos satisfactorios y cuyos antecesores y tal vez la descendencia ya existente tampoco los presenten, no sólo no se prestan ellos mismos para animales de explotación, sino que tampoco permiten esperar nada bueno de su prole.

El conocimiento lo más exacto posible de sus *relaciones genealógicas* constituye el antecedente de la *apreciación del genotipo* del animal reproductor. Son decisivos por lo que hace al valor genético los factores de los progenitores. La influencia de los antecesores anteriores es tanto menor cuanto más lejanas se sitúen sus generaciones respectivas.

En la medida en que el criador no haya conocido personalmente por varias generaciones a *los antecesores* de sus reproductores y sepa apreciar por sí mismo sus defectos y cualidades, lo que sólo ocurre raramente, ha de procurar enterarse de las relaciones genealógicas de los mismos por otros medios. Si se trata de animales registrados en los libros de producción, conseguirá información acerca de la ascendencia por medio de los *certificados genealógicos* sin dificultad alguna. Estos certificados contienen, en efecto, en forma de *cuadro de antepasados,* el conjunto, ordenado por generaciones, de los antecesores al animal que se considera. El valor de estos certificados en cuanto auxiliares de la determinación del valor genético del animal reproductor aumenta en la medida en que al lado de los nombres, números de registro, fechas de nacimiento y origen de los distintos antecesores contengan también datos acerca de sus rendimientos zootécnicos y económicos.

Esto último será tanto más posible a medida que se vayan introduciendo y generalizando en la zootecnia las pruebas de rendimiento, lo que afortunadamente parece ser el caso.

Las premisas de una apreciación genética lo más segura posible de un animal son más sólidas cuando existe y se puede obtener información acerca de las cualidades y de los rendimientos no sólo de los antecesores, sino tam-

Pontus 4790	Polar 22 345	Pol 16 900
		Wernia 14 960 A X—9—3157—4, 35—137
	Fichte 19 406 IV—4—3735—3.88—145	Donar 15 530
		Fanny 18 619 E (m) + VI—9—3339—3, 81—127
Lerche 6539 RL + E (m) X—11—3900—4.14—161	Zimmermann 20 400 P	Arno 292
		Dora 2525 P DRLB +XII—16—3623—4, 20—152
	Lotte 19 439 DRLB E (M) P +III—4—5266—3.73—195	Brutus 16 000 DRLB P
		Lore 18 109 + V—4—4409—4, 27—188

Fig. 3. Cuadro de rendimiento de los antepasados.

Explicación de los símbolos: *RL* = inscrito una vez en el registro de producción; *RL* + = inscrito dos veces en el registro de producción; *E(M)* = vaca fundadora de una familia genética inscrita para leche; *E(m)* = miembro de una familia genética inscrita para leche; *DRLB* = inscrita en el antiguo libro de producción ganadera alemán; *P* = premiado en exposiciones de distrito o de Estado federado; *A* = vaca de trabajo. Ejemplo: Lerche X-11-3900-4, 14-161 = vaca Lerche tiene 10 terneros, 11 años de producción con un promedio de 3 900 Kg de leche, 4.14% de grasa y 161 Kg de grasa de leche. + = animal muerto.

bién de la descendencia. El conjunto de los descendientes, ordenado también por generaciones, da el *cuadro del linaje* o el *arbol genealógico*. También en estos casos su valor reside no sólo en la consignación de los nombres y los números de registro, sino en la de las cualidades y los rendimientos, asimismo, de los animales inscritos. La apreciación del presunto valor genético del animal considerado gana mucho si el árbol genealógico comprende gran cantidad de descendientes. En la práctica, sin embargo, este requisito no se cumplirá con frecuencia, ya que, por una parte, debido a la sucesión lenta de las generaciones, sobre todo en el caso de los animales domésticos mayores, el número de los descendientes no es grande en sí mismo, y por otra parte, cuando se puede obtener del valor de los descendientes una idea más o menos clara, los animales progenitores ya no suelen estar por lo regular en servicio. Esta es una razón más, y no ciertamente de las menores, para considerar seriamente el requisito relativo a emplear en la cría a los buenos animales el mayor tiempo posible, como también lo aconseja, además, el interés económico de la explotación.

Los esfuerzos orientados a obtener información acerca del valor zootécnico de un animal y a determinar su *valor genético* (su *genotipo)* se topan con grandes dificultades. En efecto, los métodos actuales de determinación de los factores hereditarios comportan todavía tantas posibilidades de error, que en rigor no se puede hablar de una *determinación de los factores hereditarios* sino sólo de su *apreciación,* y aun ésta sólo resulta posible en circunstancias favorables. El problema de la apreciación de los factores hereditarios está en que el genotipo se halla siempre más o menos disimulado y modificado por las influencias exteriores. La disposición interna de los factores hereditarios, el genotipo, sólo puede averiguarse sobre la base del fenotipo, a condición además que se consiga evaluar en forma más o menos segura la influencia eventual de los factores no hereditarios y prescindir de ella. Los factores susceptibles de ejercer alguna influencia sobre el fenotipo son de varias clases. Así, independientemente de la disposición hereditaria, la edad puede influir en el fenotipo en relación con algunos rendimientos económicos. Es un fenómeno conocido, por ejemplo, que la producción de leche es menor, en condiciones de igualdad y en un mismo animal, en la primera lactancia que en las posteriores. Por otra parte, se ha podido comprobar en cerdos de distintas razas que el número de las crías iba aumentando con la edad, hasta un máximo determinado.

La aparición de muchas características, cualidades o rendimientos se halla *ligada al sexo*. Los rendimientos relacionados con el crecimiento, por ejemplo, como son la cuota de crecimiento, el aprovechamiento de alimento, la producción de lana en una determinada unidad de tiempo, o la calidad de la carne y de la grasa, varían todos ellos más o menos según el sexo del animal y no se dejan por consiguiente comparar sin más.

Por otra parte, es de sobra conocido que las *influencias* locales se manifiestan también en forma pronunciada. Y esta influencia se aprecia no sólo entre los animales de pastoreo y los de trabajo, que permanecen mucho al aire libre, sino también en los animales estabulados. En ocasiones, diferencias relativamente pequeñas en las condiciones del medio ambiente pueden incluso manifestarse fenotípicamente en forma muy clara. Los promedios de producción de las vacas varían en el curso del año, como la experiencia lo revela, incluso en un mismo establo, y se han comprobado también oscilaciones estacionales en los pesos de los lechones de cuatro semanas y en los cerdos de engorde,

Los errores en la apreciación del fenotipo, o sea, los *errores de observación,* no se dejan evitar por completo, pero sí se dejan reducir considerablemente mediante procedimientos de apreciación y de prueba adecuados y por medio de un trabajo cuidadoso. Las investigaciones del autor,[1] entre otros, han puesto en claro el grado de estos posibles errores de observación en el control de la leche y la seguridad de los métodos de las pruebas de producción. La medida de estas posibilidades de error suele subestimarse con frecuencia. Las pruebas de la capacidad de engorde de los cerdos comportan un elemento de error metódico inicial debido al hecho de que, por consideraciones económicas, sólo se someten a la prueba de engorde dos lechones de cada parición, transportando el rendimiento a todos los demás. Pero también las medidas zootécnicas del hombre pueden alterar más o menos los rendimientos de los animales. Así, por ejemplo, el período de fecundación establecido por el criador influye en la producción de leche y, mediante el momento del secado y una alimentación eventual de preparación de las vacas durante el período seco, puede influirse asimismo la secreción lechera del período subsiguiente.

Hay que tener presente, además, que las distintas cualidades de los animales, o respectivamente los factores hereditarios que las determinan, se hallan *recíprocamente relacionadas* unas con otras. Así, por ejemplo, los factores que actúan en la vaca sobre los procesos sexuales, como la maduración de los folículos de Graaf y la involución de los cuerpos lúteos, influyen, a través de la modificación de la duración de los períodos secos y de los períodos entre pariciones, sobre el volumen de la producción de leche. Y puede suponerse inversamente que, en un animal

[1] Vogel, H., *Untersuchungen über die Zuverlässigkeit der Milchleistungskontrolle.* Z. Züchtung B. XXII, 385, 1931.

de factores hereditarios de producción de leche elevada, el peligro de agotamiento físico debido a actividad fisiológica excesiva y a falta de materias minerales se presente, en igualdad de condiciones, más pronto que en otros, lo que puede conducir a su vez a trastornos de las funciones genitales. De lo dicho se desprende que hay que guardarse, cuando no se manifiestan conexiones o interreacciones genéticamente determinadas, de atribuir sin más al medio ambiente o al azar los fenómenos que se observan en las funciones biológicas de un animal.

Constituye una tarea importante de la zootecnia científica, en colaboración con la cría práctica, *apreciar correctamente las influencias ambientales* en sus efectos sobre los rendimientos o, respectivamente, *hacer comparables* entre sí los rendimientos obtenidos en condiciones exteriores distintas. Sin embargo, habida cuenta de las relaciones recíprocas entre los factores internos y externos y de la multiplicidad de los factores que influyen en muchas características y cualidades, no deben abrigarse de buenas a primeras esperanzas excesivas o proponerse objetivos demasiado ambiciosos, que no podrían cumplirse, en cuanto a la separación de los factores genéticos respecto de las influencias del medio.

Para la *apreciación* o, respectivamente, la eliminación *de las* influencias no hereditarias, se dispone de dos caminos. Uno de ellos se funda en el supuesto de que cada animal individual reacciona frente a determinadas influencias exteriores en forma idéntica a la del promedio de gran número de animales; el otro, en cambio, pretende que o bien se igualen prácticamente de buenas a primeras las condiciones exteriores, o que sólo se juzguen por comparación animales que hayan estado sometidos a condiciones ambientales idénticas. Sirve de ejemplo para el primer caso lo siguiente: si se comprueba que en un día de prueba determinado el peso de unos cerdos de engorde rebasa en promedio el del año anterior en 20 por ciento, se admite que cada animal individual del año anterior habría alcanzado asimismo un peso de un 20 por ciento superior si hubiera sido engordado en las mismas condiciones —manifiestamente mejores— del año en curso. Por consiguiente, según este procedimiento, se añadirá al peso efectivamente comprobado de los cerdos del año precedente un suplemento del 20 por ciento, para deducir de los pesos de los distintos años conclusiones en relación con la disposición hereditaria de los cerdos para el engorde.

En esta forma, los rendimientos de los distintos años se dejan reducir a un denominador comprable o se dejan, como se dice, *normalizar.* Otro tipo de normalización es el del método, muy empleado en la apreciación de los resultados del control de la leche, que consiste en convertir los rendimientos individuales en porcentajes del promedio del plantel de la explotación y del año considerados. También con este procedimiento, pues, se elige como elemento de comparación un rendimiento medio determinado, con el que los rendimientos individuales se ponen en relación.

El otro camino para descartar las influencias exteriores a los fines de determinación del valor hereditario consiste en que o se limita la apreciación a los animales que están o han estado sometidos a *condiciones* prácticamente *iguales,* o se los somete desde el principio a condiciones idénticas de vida. En esta forma, los rendimientos de los animales individuales en una prueba de engorde de cerdos de un año y una hacienda determinados se dejan comparar inmediatamente unos con otros, y lo mismo los rendimientos de las gallinas de puesta de una granja determinada o de granjas aproximadamente iguales, de un año determinado. Este procedimiento presenta la gran ventaja de su sencillez y evita además las fuentes de error ligadas siempre a la normalización, aunque por otra parte reduce las posibilidades de comparación. En todo caso, no deben subestimarse las dificultades y las posibilidades de error inherentes a todo tipo de normalización. En la práctica, la ejecución de trabajos de esta índole no resulta muy sencilla.

Todo intento orientado a determinar el valor genético de un animal sobre la base de su descendencia se ve dificultado desde el principio por el hecho de que el *apareamiento con el otro progenitor* introduce en cada caso factores extraños que influyen en la descendencia. Resulta de ahí la necesidad de tener también en cuenta el genotipo de los animales apareados. Que el *examen del valor genético de los reproductores machos* reviste particular importancia es obvio. Esto es de aplicación también, en especial, a los factores hereditarios de aquellas propiedades, como la producción de leche o la capacidad de puesta, que no se manifiestan en los propios machos, sino sólo en las hembras. Y es de aplicación asimismo a aquellas propiedades y características que en los machos presentan un desarrollo cuantitativo distinto del de las hembras y que, por consiguiente, no se dejan comparar. Tales son, por ejemplo, el peso y el tamaño del cuerpo, el peso del vellón, etc. En estos casos hay que recurrir, para la apreciación del valor genético del padre en relación con la característica determinada, a la *comparación entre madre e hijas.* En este procedimiento se compara el desarrollo de la característica de cada una de las hijas del animal macho considerado con el correspondiente de la madre. Si la comparación resulta posible, ya sea porque las condiciones exteriores coinciden o porque sea posible eliminarlas por medio de normalización, el resultado de la misma permite apreciar el valor genético del animal macho.

El *cuadro "normalizado" de ascendencia,* procedente del ovino rural mejorado alemán, como el que se reproduce en la figura 4, permite de todos modos formarse una idea de las relaciones genéticas de un plantel y representa en este sentido un progreso hacia la apreciación sis-

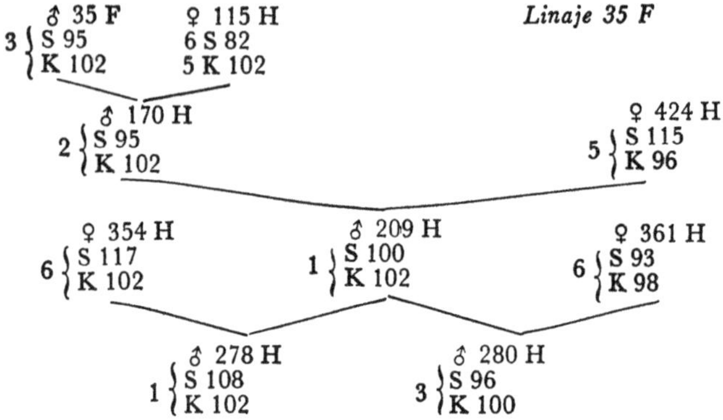

Fig. 4. Cuadro de descendencia normalizado (véase el texto). (Según Schmidt, von Patow y Kliesch: "Züchtung, Ernährung und Haltung der landwirtschaftlichen Haustiere", 5ª ed., Editorial Parey, Berlín y Hamburgo, 1950.)

temática del valor genético en la zootecnia práctica. Las cifras del valor genético para el peso del vellón (S) y para el del animal (K) se han calculado adaptándolas, en cada caso, para las hembras (♀), al vellón medio del plantel y, para los machos (♂), deduciéndolas de la comparación entre madre e hijas. Estas cifras relativas permiten apreciar en qué medida el animal considerado se halla por encima o por debajo de la capacidad genética media del plantel. Las cifras ante la S y la K indican el número de las pariciones anuales de las ovejas y el de los años de servicio de los carneros, respectivamente.

Allí, en particular, donde la determinación del valor genético de los animales machos sobre la base de la comparación entre madres e hijas presenta dificultades, como suele ser el caso sobre todo en las pequeñas haciendas rurales de planteles reducidos, se va atribuyendo cada vez más valor —con mucho acierto— a la *evaluación gené-*

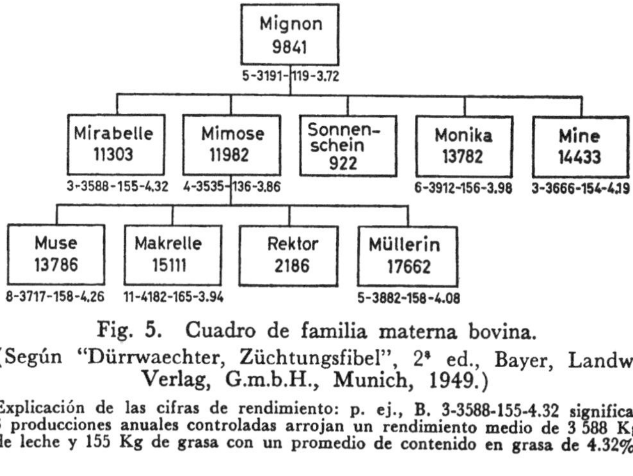

Fig. 5. Cuadro de familia materna bovina.
(Según "Dürrwaechter, Züchtungsfibel", 2ª ed., Bayer, Landw. Verlag, G.m.b.H., Munich, 1949.)

Explicación de las cifras de rendimiento: p. ej., B. 3-3588-155-4.32 significa: 3 producciones anuales controladas arrojan un rendimiento medio de 3 588 Kg de leche y 155 Kg de grasa con un promedio de contenido en grasa de 4.32%.

tica de las familias maternas, o sea de todos los animales, incluidos los machos, que descienden de una madre común. Estas familias maternas, de rendimientos lo más nivelados y sobresalientes posibles de todos los individuos, constituyen en realidad la columna vertebral de la cría y ofrecen una buena garantía de transmisión a la descendencia de factores hereditarios valiosos.

Satisface el requisito de considerar en la determinación del valor genético de los animales machos a las hembras apareadas con ellos, el llamado *procedimiento del enrejado genético.* Se designa como enrejado genético la confrontación gráfica de los rendimientos de las hijas de un animal macho con los de las madres. Esta forma de representación permite leer inmediatamente el rendimiento de cada una de las hijas en relación con los de

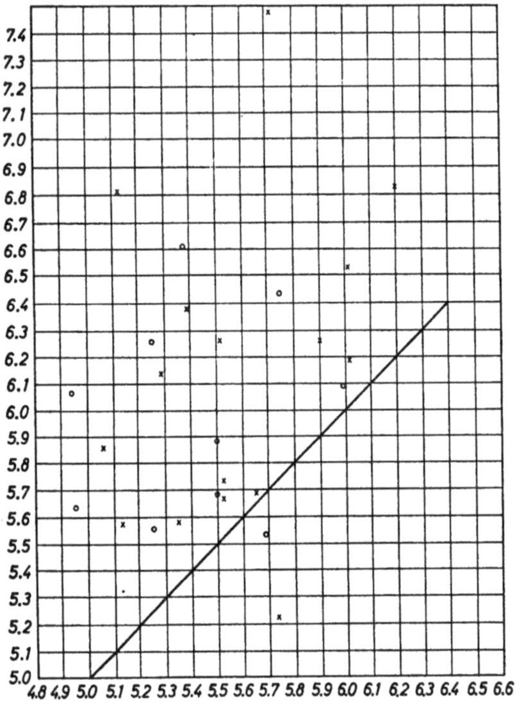

a

Fig. 6*a*. Enrejado zootécnico.

-(Según "Krallinger, H.F., Angewandte Vererbungslehre für Tierzüchter", Stuttgart, 1937.)

Representación gráfica de los porcentajes en grasa de leche de las hijas de los toros Jersey Nº 3 (*x*) y Nº 4 (*o*) comparados con los de las respectivas madres. Véase el texto.

las respectivas madres. En las figuras 6*a* y 6*b*, se compara por el procedimiento del enrejado el contenido en grasa de la leche de las hijas de dos toros distintos con el de sus respectivas madres. La línea horizontal de la base

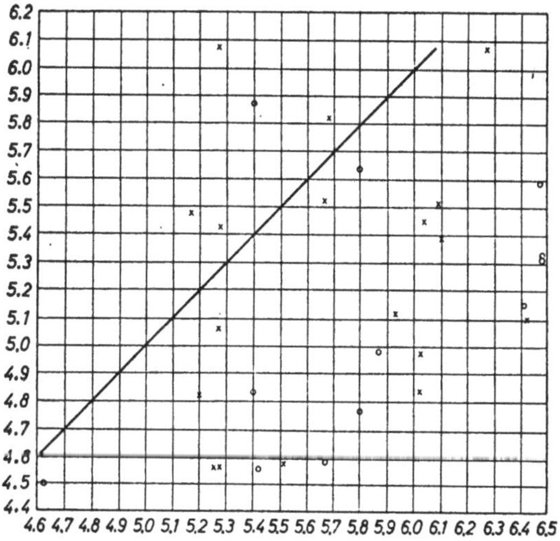

Fig. 6*b*. Enrejado zootécnico.

(Según "Krallinger, H.F., Angewandte Vererbungslehre für Tierzüchter", Stuttgart, 1937.)

Representación gráfica de los porcentajes en grasa de leche de las hijas de los toros Jersey Nº 17 (*x*) y Nº 22 (*o*) comparados con los de las respectivas madres.

presenta una escala del contenido en grasa de la leche de las madres, en tanto que la línea vertical de la izquierda comporta la escala de los contenidos en grasa de la leche de las hijas. La hija de cada toro se marca por medio de un signo determinado en el punto de intersección de la horizontal, que indica su propio contenido en grasa, con la vertical, que indica el de la madre. Así, por ejemplo, se ha señalado en la figura 6*a* a una hija del toro Nº 3, que presenta ella misma un contenido en grasa de 6.2% y cuya madre poseía un contenido en grasa de 6%, con una *x* en la horizontal 6.2, sobre el punto 6.0 de la línea de la base. Por lo regular, se suele disponer un enrejado para cada macho, pero se le puede también emplear para varios de ellos. Así, por ejemplo, se hallan registrados en las figuras 6*a* y 6*b* los porcentajes en grasa de la leche de las hijas y sus respectivas madres, correspondientes en cada caso a dos toros distintos, a saber: en la figura 6*a*, de las hijas del toro Jersey Nº 3 con sus respectivas madres, por medio de una *x*, y las del toro Jersey Nº 4, por medio de una *o*; y en la figura 6*b*, los de las hijas del toro Jersey Nº 17 con sus respectivas madres, por medio de una *x*, y los de las hijas del toro Jersey Nº 22, con sus respectivas madres, por medio de una *o*. La diagonal reúne los puntos de porcentajes de grasa iguales en las madres y las hijas.

De la posición de los signos correspondientes a las hijas de los toros Núms. 3 y 4 (fig. 6*a*) se ve inmediatamente que ambos animales, con una sola excepción en cada caso, han incrementado los porcentajes del contenido en grasa de las hijas por encima de los de sus respectivas madres. Y como quiera que la distribución de los signos *x* y *o* es aproximadamente la misma, puede sacarse la conclusión de que el valor genético de ambos toros, por lo que hace al contenido en grasa de la leche es aproximadamente igual y mejor, en todo caso, que el de las vacas, con un contenido en grasa medio de 5.5. En cambio, los toros Números 17 y 22 (fig. 6*b*) han reducido el contenido en grasa de la leche de sus respectivas descendencias, ya que la comparación entre madres e hijas resulta en la mayoría de los casos desfavorable a estas últimas.

Para poder apreciar correctamente el aumento o, respectivamente, la reducción del rendimiento debido al animal macho, hay que poder relacionarlos en cada caso con el *rendimiento medio del plantel.* Es obvio, en efecto, que el aumento del contenido en grasa de la leche debido a un toro representa un valor zootécnico mayor si el rendimiento medio del conjunto del plantel es ya muy bueno en sí, que si éste es mediocre.

Los intentos en el sentido de apreciar el comportamiento en la transmisión hereditaria de características y propiedades importantes se ven dificultados debido al hecho, como ya se dijo, de que el *experimento zootécnico* sólo rara vez puede practicarse. A esto se añade que, en los animales domésticos mayores, el número de la descendencia es reducido y la sucesión de las generaciones, debido a las gestaciones prolongadas, lenta. Se está, pues, reducido, prácticamente, a los *métodos de investigación estadística,* o sea al aprovechamiento de las inscripciones en los registros pecuarios, en los registros de producción, etcétera. Y este camino sólo puede seguirse a condición de que la disposición de estos registros y la forma de llevarlos correspondan a los requisitos de la investigación genética y de la zootecnia modernas, lo que antes era muy raro y no siempre es el caso actualmente todavía. Un ejemplo del hecho de que en condiciones favorables los registros pecuarios, etc., pueden aprovecharse con éxito en la investigación genética lo ofrece, entre otros, el estudio del *comportamiento de los equinos en la herencia del color.* Que precisamente el modo de transmisión del color en distintas clases de animales domésticos y también el de algunas características morfológicas, como las relativas al desarrollo de ciertas partes del cuerpo, estén relativamente bien estudiados, en tanto que a propósito de las propiedades fisiológicas, particularmente importantes desde el punto de vista económico, nos hallemos todavía al principio, resulta comprensible. En estas últimas, en efecto, no sólo se trata por lo regular de conjuntos de caracteres condicionados por varios pares de genes o, respectivamente, por sus interreacciones recíprocas, sino que éstos están además con frecuencia muy *sujetos fenotípicamente a la influencia de las condiciones exteriores.* Y el análisis genético es lógicamente mucho más difícil con estas características que con aquellas, por ejemplo, que sólo están condicionadas por un solo par de genes y no se dejan modificar tan fácilmente por las condiciones del medio, lo que se produce manifiestamente con mucha mayor frecuencia en el caso de las características morfológicas que en el de las fisiológicas.

d) *La práctica de la reproducción*

El éxito en la cría de los animales depende no sólo de la selección correcta, conforme a las leyes de la genética, de los animales que se hayan de aparear y de una crianza, un cuidado y una alimentación irreprochables, sino también, en gran parte, de la manera más o menos experta de practicar la reproducción. Sólo podrá conducir su explotación con éxito el criador que conozca las relaciones recíprocas entre la vida sexual y el conjunto de las actividades biológicas de los animales de cría y, en particular, los procesos biológicos del apareamiento, la fecundación y la gestación. Las quejas nada raras acerca de resultados poco satisfactorios se reducirían sin duda alguna considerablemente si todos los criadores poseyeran y aplicaran los conocimientos necesarios para llevar a cabo la explotación racional de la cría. Aunque no fuera más que por consideraciones de carácter económico, todo criador debería esforzarse por aprovechar sus animales al máximo desde el punto de vista zootécnico o, en otras palabras, habría de procurar obtener de ellos el mayor número de crías valiosas, capaces de convertirse en individuos sanos y productivos. Los animales que desde el punto de vista zootécnico se conservan aprovechables por mucho tiempo y que fecundan o son fecundados con regularidad, aseguran no sólo el éxito a su propietario, sino que constituyen al propio tiempo el fundamento de una zootecnia nacional próspera y de alto valor.

Los *gastos de crianza* son relativamente grandes, sobre todo en el caso de los animales domésticos mayores, pero, cuanto más se prolonguen su vida y el tiempo de su aprovechamiento, tanto más pequeña resultará en proporción la parte de los mismos. Por otra parte, la necesidad anual de recría se reduce paralelamente, y con ello se reducen también los gastos de atención y alimentación, de donde la posibilidad de hacer beneficiar a los demás animales del plantel de los ahorros realizados en esta forma.

El hecho, que siempre se vuelve a evidenciar de nuevo, de que los resultados de la reproducción y la crianza varíen mucho de región en región y en parte también de un año a otro, tanto en cuanto a la regularidad y la frecuencia de las gestaciones y los nacimientos como en cuanto a la vitalidad y la calidad de la descendencia, revela ya de por sí que puede intervenir aquí una diversidad de factores que conviene tener en cuenta. *Los resultados de la cría oscilan* según la región, el año, la raza, la atención, la alimentación, el trabajo y los demás aprovechamientos, y con el grado de cuidado puesto en el apareamiento y, sobre todo, en el servicio mismo de fecundación y en la crianza de la prole al pie de la madre. Y finalmente, juegan también un papel importante, por supuesto, lo mismo que en todos los procesos biológicos, la manera de ser y la disposición del animal individual. El momento en que se inicia la madurez de las glándulas sexuales se designa como madurez sexual o *pubertad*. Sólo los animales púberes pueden formar células reproductoras susceptibles de fecundación. El inicio de la pubertad está influido por el sexo y la raza del animal, de tal manera que los machos llegan por lo regular a la pubertad antes que las hembras de su misma especie y raza, y los animales de razas precoces antes que los de razas tardías. La disposición heredada para ello puede determinar en los animales individuales desviaciones con respecto a la norma general, pero también la clase de atención influye en el inicio de la pubertad. Una alimentación muy rica, sobre todo en proteínas, puede acelerarla.

El inicio de la pubertad no suele por lo regular coincidir en nuestros animales con el de la *madurez zootécnica*, o sea, con el momento en que el animal puede efectivamente emplearse, por su desarrollo físico, por vez primera en la reproducción. En términos generales, la madurez zootécnica sólo se produce más tarde. El animal es zootécnicamente maduro cuando su desarrollo ha llegado al punto en que se le puede emplear en la reproducción sin daño para su organismo y ofrece garantía de que la descendencia se podrá desarrollar normalmente y en particular, si se trata de hembras, sin trastornos en el claustro materno. Si los animales se utilizan prematuramente para la reproducción, el desarrollo físico, la salud, la capacidad reproductora y las demás propiedades zootécnicas pueden sufrir quebrantos más o menos importantes según las circunstancias, quedando con ello perjudicados considerablemente tanto en su valor zootécnico como en su valor económico.

Es además de temer, en tales casos, que la descendencia no resulte satisfactoria.

Sin embargo, por muy perjudicial que sea el *empleo* prematuro en la reproducción, tampoco puede esperarse por otra parte demasiado tiempo para el primer servicio, ya que esto puede producir trastornos en las funciones sexuales tanto de los machos como de las hembras.

A cierta edad, la *capacidad reproductora,* o sea, la facultad de formar células reproductoras susceptibles de fecundación, se agota, jugando en ello un papel la pertenencia del animal a una raza precoz o tardía y, en particular, la disposición individual del mismo. Los animales que pertenecen a una raza de madurez tardía suelen por lo regular conservar su capacidad reproductora por más tiempo que los otros. Tanto el empleo excesivo en la reproducción como el empleo demasiado cauteloso pueden a la larga perjudicar la capacidad reproductora. Los animales que se han revelado como buenos reproductores deben utilizarse en la reproducción por todo el tiempo que sea posible, a fin de que sus buenas disposiciones hereditarias beneficien ampliamente a la zootecnia del país.

Los buenos reproductores machos deberán utilizarse mientras se revelen capaces de una fecundación satisfactoria, en tanto que en las hembras la capacidad receptiva no es en la práctica determinante por sí sola, sino que la duración de su empleo en la reproducción se halla influida también por otros factores. Así, por ejemplo, el descenso de la producción de leche, la disminución de la capacidad de trabajo, el retroceso de la calidad de la lana, la eficiencia alimenticia reducida y otros más pueden aconsejar, según el tipo de aprovechamiento de que se trate, que no se prolongue el empleo de hembras viejas, a menos que sean muy buenas transmisoras de cualidades hereditarias, en cuyo caso la conservación o, respectivamente, la propagación de dichos factores hereditarios constituirá el elemento determinante. En tanto que en las hembras el empleo en la reproducción se halla limitado hacia arriba por las consecuencias de las gestaciones, en el macho, en cambio, dicho empleo queda más o menos a criterio del criador. De todos modos, el empleo excesivo de los machos lleva aparejado el peligro de agotamiento como reproductores o, por lo menos, el de resultados insuficientes de la fecundación. Los que más peligro corren en este sentido son, por supuesto, los animales de nombres sonoros que se han puesto *de moda*. También por lo que hace a la capacidad de empleo en la reproducción hay que tener en cuenta una serie de factores cuya observancia es de capital importancia para el buen éxito de la cría, entre ellos, por ejemplo, la raza, la crianza, la atención, la alimentación, etc., pero también aquí la disposición genética del animal individual es la que en último término decide.

En muchas especies de animales la *época de monta* se halla repartida en forma más o menos regular —por consideraciones económicas sobre todo— a través del año entero, en tanto que en otros, en cambio, se halla reducida a unos pocos meses o incluso unas pocas semanas. En el número de hembras que un macho haya de servir en dicho período esta circunstancia merece tenerse en cuenta, y este número variará, en consecuencia, dentro de límites muy amplios.

El *resultado de la fecundación,* o sea, el porcentaje de las hembras servidas que quedan fecundadas, está sujeto a influencias diversas, lo que explica la gran diversidad en las cifras de fecundación. A pesar de darse el celo y de montas repetidas, un porcentaje más o menos grande de las hembras cubiertas no queda fecundado. Prescindiendo de enfermedades epizoóticas u otras de los órganos genitales, este fenómeno lamentable resulta en muchos casos de fallas de atención o de deficiencias en la práctica de la reproducción. El inicio de la pubertad se revela en la aparición del *impulso sexual,* que se manifiesta en el macho por el deseo de copulación o de monta y, en la hembra, por el fenómeno del celo. El grado del impulso sexual se halla determinado en primer lugar por la disposición hereditaria del animal, por su conformación y su estado de salud y, finalmente, por su raza. Sin embargo, dentro del marco de estas disposiciones generales, se halla también sujeto a influencias exteriores y, sobre todo, a las de la atención, la alimentación y el aprovechamiento del animal.

El macho púber sano está siempre en condiciones de cumplir sus *funciones de reproductor,* en tanto que en las hembras la fecundación sólo puede tener lugar durante el *celo.* En el curso de éste se producen en los órganos genitales de la hembra varios procesos, siendo el principal de ellos el desprendimiento de las células maduras (óvulos) del ovario. Por otra parte, el celo va acompañado normalmente de signos característicos en las partes exteriores de los órganos genitales y de un comportamiento típico del animal, con los que el criador ha de estar familiarizado. Las manifestaciones del celo aparecen periódicamente y vuelven a desaparecer después de cierto tiempo. El reconocimiento del celo, y con ello su aprovechamiento para la reproducción, resulta a veces difícil, ya que no siempre se presenta regularmente y sus manifestaciones son además, en ocasiones, menos claras. Es por lo que para una reproducción ordenada se requiere una observación cuidadosa de los animales, que tenga en cuenta sus peculiaridades individuales.

Prescindiendo de la reproducción de los ovinos, en la que el acoplamiento en libertad constituye la regla, la *cópula* tiene lugar casi sin excepción por medio del llamado salto a mano. Se habla de acoplamiento en libertad cuando un animal macho se mueve libremente durante el período de monta entre el rebaño de hembras que le ha sido asignado, en tanto que en el salto a mano a cada hembra se le atribuye un macho determinado. En ambos casos la filiación de las crías ha de establecerse en forma inequívoca.

La *inseminación artificial* de los animales domésticos se ha introducido modernamente en muchos países, entre ellos también en Alemania, sobre todo en la cría de los bovinos. Se designa como inseminación artificial la introducción de semen de animales machos en los órganos genitales de las hembras por vía artificial, en lugar de la copulación sexual natural. Los inicios de este procedimiento se remontan muy adentro en la Antigüedad. En la época anterior a la primera Guerra Mundial, Ivanov, antes que otros, trabajó en Rusia su perfeccionamiento. Los métodos actuales de inseminación se han comprobado desde el punto de vista técnico, a tal punto, que ningún reparo se opone ya a su empleo generalizado, a condición de que se tengan presentes los requisitos zootécnicos indispensables. En Alemania, en donde al principio sólo se introdujo con vacilación y en relación sobre todo contra las epizootias, la inseminación se ha ido imponiendo mientras tanto cada vez más, debido en buena parte a las experiencias favorables de otros países, y ha adquirido una extensión considerable. Existen hoy ya en este país numerosas estaciones que trabajan con este procedimiento con resultados favorables. Según las observaciones y los experimentos efectuados hasta la fecha, la descendencia no experimenta como consecuencia de la inseminación artificial efectos perjudiciales de ninguna clase y, en particular, el daño que en principio se temía que se produjera en la constitución de los descendientes no se ha podido comprobar. La gran ventaja económica del procedimiento consiste en que permite una propagación mucho mayor de los factores hereditarios de animales de alta calidad y, al propio tiempo, la reducción de los reproductores machos necesarios.

Reviste gran importancia desde el punto de vista económico la comprobación lo más temprana posible de la fecundación y, con ésta, del inicio de la gestación. La ignorancia acerca del resultado de la monta impide que el criador pueda adoptar oportunamente las medidas zootécnicas, de atención y de alimentación, requeridas y que pueda protegerse debidamente contra la pérdida de descendencia, lo que representa siempre un grave perjuicio económico. Por consiguiente, en la cría bien organizada no se descuidará de asegurarse en cada caso lo antes posible si después del servicio de una hembra por el reproductor se ha producido o no fecundación. La ciencia veterinaria dispone hoy de métodos útiles para *el diagnóstico temprano de la gestación.* En su propio interés, el criador ha de sacar provecho de dichos métodos en la mayor extensión posible. El *período de gestación* oscila en todas las especies de animales dentro de ciertos límites. Está condicionado en primer término por la disposición hereditaria del animal individual y, en parte también, por su raza. La gestación es en algunos animales más larga que el promedio, en tanto que en otros es relativamente corta, y se han comprobado asimismo para familias y líneas enteras gestaciones tanto más largas como más cortas que el promedio general. La duración de la gestación apenas se deja influir por el cuidado del animal, pero una alimentación abundante y moderación en el trabajo pueden eventualmente acortarla en algo.

La expulsión de fetos no viables se designa como aborto o pérdida, y el nacimiento de crías viables a continuación de una gestación excepcionalmente corta se designa como *nacimiento prematuro.* Los nacimientos prematuros no se ven con buenos ojos en las haciendas, porque sus frutos están casi siempre debilitados en su vitalidad y sólo se convierten en animales aprovechables, si es que a tanto llegan, mediante crianza y atención muy cuidadosas. Los abortos y los nacimientos prematuros pueden ser causados tanto por disposición hereditaria de los progenitores como por falta de atención o por enfermedad en la hembra. En todos los casos en que la sospecha de una causa genética aparece justificada, habrá que eliminar lo más pronto posible de su empleo en la reproducción a los animales en cuestión.

La disposición hereditaria puede también ser causa del nacimiento de *gemelos* o de *crías múltiples* en el caso de animales normalmente uníparos, o sea, de aquellos animales que en condiciones normales sólo producen una cría por gestación, así como de camadas excepcionalmente numerosas en los cerdos. En algunas razas de ovinos los gemelos y los múltiples son frecuentes. En los cerdos, en cambio, los nacimientos múltiples son normales.

El *curso ulterior de la gestación* se caracteriza por cambios en el comportamiento y, más tarde, también en el aspecto exterior de las hembras, aspectos que, aunque en las distintas especies de animales no se manifiesten con la misma claridad, no pueden de todos modos pasar inadvertidos al observador atento. La gestación somete el organismo de las hembras a prueba, pero los animales sanos y bien atendidos la resisten sin perjuicio alguno.

e) *Razas alemanas de animales domésticos* (Caballo, toro, cerdo, oveja y cabra)

La sistematización que insertamos a continuación proporciona una visión conjunta de las razas (o variedades) de ganado que se crían actualmente en Alemania. La distribución de los mismos, inspirada en puntos de vista prácticos, corresponde fundamentalmente a la de las exposiciones ambulantes de la Asociación Pecuaria Alemana ("Deutschen Landwirtschafts-Gesellschaft).

EQUINOS:
- A. *Caballos de sangre caliente*
  Pura sangre — Trotador — Prusiano oriental — Hanoverano — Holstein — Oldenburgo — Frisiano oriental — Haflinger
- B. *Caballos de sangre fría*
  Alemán renano — Schleswig — Noriker

BOVINOS:
- A. *Variedades de montaña*
  Manchado — Gris-bruno — Murnau-Werdenfelser — Amarillo liso — Rojo — Pinzgauer — Vorderwäldler e Hinterwäldler
- B. *Variedades de llanura*
  Negro manchado — Rojo manchado — Angler — Shorthorn

PORCINOS:
Blanco mejorado alemán — Rural mejorado alemán — Rural hanoveriano-braunsviguiano — Suebio-haliano — Angler cóncavo — Cornwall — Berkshire

OVINOS:
- A. *Merinos*
  Merino — Merino productor de carne
- B. *Rurales mejorados alemanes*
- C. *Productores de carne*
  De cabeza negra alemán — De cabeza blanca alemán
- D. *Rurales*
  Leine — Röhn — Lechero — Heidschnucke — Skudde — De alta montaña — Karakul

CAPRINOS:
Cabra blanca mejorada alemana — Cabra manchada mejorada alemana

En la cría equina alemana se distingue entre las *razas de sangre caliente* y las *razas de sangre fría*. Se designan como de sangre caliente aquellas razas que, al lado de su empleo en la explotación agrícola, se prestan como caballos de montura o de enganche para el servicio de carrera, en tanto que las razas de paso moderado, que sirven para el tiro pesado, se designan como de sangre fría. Estas designaciones sólo pretenden expresar las diferencias de temperamento y de capacidad de reacción y no tienen nada que ver con diferencias eventuales en la temperatura de la sangre. Frente al caballo de sangre caliente (caballo de carrera), el de sangre fría (caballo de tiro y de paso moderado) se caracteriza por un temperamento más tranquilo, una conformación más compacta y menos seca, estructura esquelética más pesada, piel más gruesa, pelaje más rudo y madurez precoz.

Se clasifican también entre los caballos de sangre caliente a los *pura sangre* de origen arábigo e inglés. La cruza de caballos de pura sangre, sobre todo de origen inglés, con caballos alemanes de sangre caliente, que antes se practicaba corrientemente, ha retrocedido considerablemente; sin embargo, los criadores alemanes de caballos de sangre caliente siguen considerando que, en interés de la conservación de la resistencia y rapidez, no pueden prescindir de algún aporte de pura sangre.

En la posguerra ha experimentado la *cría de los Trotadores* fuerte auge en Alemania. Esta raza, criada en vista de su capacidad sobresaliente de trote, posee, por lo regular, un buen temperamento, una constitución robusta y un paso elegante. Hasta qué punto la cría de Trotadores llegue a influenciar en el futuro, por medio de cruza con las razas alemanas de sangre caliente, la cría caballar del país, no se deja apreciar todavía.

La cría alemana de razas equinas de sangre caliente se basa en las razas prusiano-oriental, hanoveriana, Holstein, Oldenburgo y frisiana-oriental.

En la *cría de sangre caliente prusiano-oriental* se practicó la reproducción de un caballo que se adaptara óptimamente al aprovechamiento económico. En tanto que antes de la primera Guerra Mundial la cría perseguía ante todo la producción de un caballo ligero, noble y de temperamente vigoroso, ésta se orientó más tarde, en vista de las circunstancias cambiadas, hacia otro objetivo zootécnico. Se trató de conseguir, en efecto, un animal de pierna corta y tronco profundo y ancho, suficientemente pesado, pero al propio tiempo noble, ágil y trabajador, de constitución robusta y temperamento tranquilo. El refuerzo del caballo de sangre caliente prusiano-oriental consecutivo al cambio de la orientación zootécnica había de conducir necesariamente al retroceso del empleo de sementales de pura sangre. La sangre prusiano-oriental está representada en m chas crías alemanas que tienen sangre caliente.

El *caballo hanoverano* se presenta como caballo robusto de sangre caliente, que se presta para el trabajo agrícola aun en terreno difícil, pero que puede emplearse al propio tiempo como caballo de montar y de enganche. Sigue practicándose con él, hoy todavía, una cruza relativamente abundante con pura sangre, mayor, en todo caso, que con otras razas de sangre caliente. Se concede siempre mucha importancia a la conservación de nobleza, nervio y paso elegante y ágil. En las buenas cruzas se transmiten con seguridad un temperamento de buena índole, pero enérgico, excelente estructura esquelética como resultado de condiciones de crianza por lo regular muy buenas, conformación fuerte y armónica, y paso amplio. El territorio de cría se extiende a una buena parte de la Sajonia Inferior. En muchas regiones de recría se cría sobre la base del hanoverano, así entre otros, en Pomerania, Brandenburgo, Mecklenburgo y Westfalia.

El objetivo zootécnico de la cría de sangre caliente Holstein está en un caballo de carrera y de enganche noble y resistente, capaz de satisfacer tanto a las necesidades de la agricultura como a las de la economía en general. El caballo Holstein ha adquirido buena reputación, sobre todo como animal ligero de carruaje y de buen tiro. En sus representantes típicos se revela como de buen temperamento, robusto y resistente, de formato mediano y de transmisión hereditaria segura. La sangre arábiga ha dado en la constitución de esta cría excelentes resultados.

En el *caballo Oldenburgo,* animal robusto y elegante de enganche, de paso alto y amplio, de excelente uniformidad conforme a las exigencias de la cría tradicional, cumple su misión moderna de caballo rural de empleos múltiples en la mejor forma. En cuanto el más pesado de los caballos de sangre caliente, el caballo Oldenburgo, apenas le cede en tamaño al de peso mediano de sangre fría y se presta sobre todo para el tiro pesado. La cría Oldenburgo suministra gran número de caballos robustos, de huesos gruesos, de tronco compacto y ágiles, que se prestan también para la montura, de gran uniformidad, buen temperamento y fidelidad de reproducción asegurada. Su cruza con reproductores de pura sangre hace ya tiempo que sólo tiene lugar en forma moderada.

Por su origen y su constitución genética, así como en su figura y sus rendimientos, el *caballo frisiano-oriental* es muy vecino del Oldenburgo. Las condiciones naturales y económicas de su región —la comarca Frisia Oriental en la Baja Sajonia— son muy parecidas a las de aquél. También la cría frisiano-oriental persigue un caballo pesado de sangre caliente, del tipo de enganche, de basamento sólido, paso amplio y regular y temperamento tranquilo, susceptible de empleos múltiples en la agricultura y la industria. En promedio, el frisiano-oriental es algo más ligero y seco que el caballo Oldenburgo. La disposición para gran precocidad de madurez, buena eficiencia alimenticia y paso alto, común a ambas razas, sólo puede desarrollarse por completo, por supuesto, a

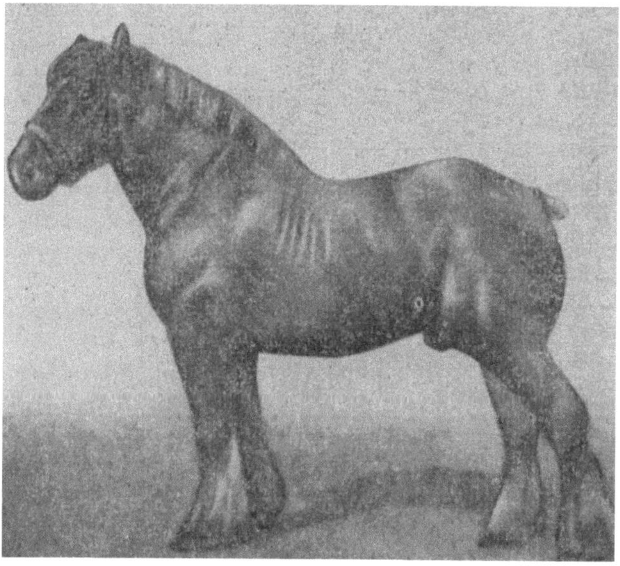

Fig. 7. Tipo racial de un caballo de sangre fría renano-alemán. (Según "Vogel, Pferdezucht", Ed. Parey, Berlín-Hamburgo, 1948.)

condición de que la crianza y la atención se dejen adaptar a ello. Más allá de la patria de cría de ambas razas se practica cría de caballos de sangre caliente sobre la base de los Oldenburgo y los frisianos orientales en vastas regiones de recría, sobre todo en Silesia, Sachsen-Anhalt, Sajonia, Turingia, Hessen, Baden y en el Rottal bávaro.

El *caballo Haflinger* ocupa entre las razas equinas alemanas una posición particular. Su importancia está en que se adapta particularmente bien como caballo de montura y de tiro en montaña.

La cría alemana de *caballos de sangre fría,* orientada desde el principio hacia la obtención de un caballo productivo pesado, apto para todas las labores de la agricultura y el transporte, cuenta con tres razas equinas, a saber: la renano-alemana, la Schleswig y la Noriker.

Favorecida por la intensificación creciente de la agricultura, en particular por el cultivo mayor de la fruta, y por las necesidades mayores del transporte en materia de animales de tiro, la cría de los caballos de sangre fría se ha elevado en muchas regiones, en relativo poco tiempo, hasta su estado actual. El temperamento tranquilo y de buena índole de estos animales facilita su trato incluso por parte de los trabajadores poco expertos en ello.

Por la extensión de su área de distribución, el *caballo renano alemán* figura entre los de sangre fría en primer lugar. El objetivo zootécnico consiste en un caballo vigoroso, bien conformado, profundo y ancho, de alimentación fácil, de huesos grandes y movimiento ágil, apto para trabajos de pesados a muy pesados en la agricultura y la industria. Según las condiciones locales, sobre todo en materia de forraje, varían las exigencias en cuanto a peso y capacidad de tiro. Si bien el renano alemán encarna el tipo del caballo de paso pesado, se le exige de todos modos, por lo menos en sus representantes más ligeros, cierta capacidad de trote. Habida cuenta de la gran precocidad y del peso de los animales de esta raza, la crianza rica en materias alimenticias constituye con ellos un elemento imprescindible. Además de las *antiguas* regiones de cría —Renania, Sachsen-Anhlat y Westfalia—, se practica también la recría de caballos de sangre fría sobre la base del renano alemán en otras regiones extensas, así en Silesia, Turingia, Hanover meridional, Hessen, Mecklenburgo y Pomerania.

Fuera de su patria de cría en Schleswig-Holstein, el *caballo Schleswig* no cuenta con expansión alguna digna de mención. Esta raza, de peso mediano, posee, al lado de un paso amplio, buena capacidad y resistencia para el trote, cualidades valiosas para su empleo tanto en la agricultura como en el transporte.

El *Noriker* es el caballo rural típico de las regiones alpinas y prealpinas de la Alemania meridional, desde donde ha logrado ampliar considerablemente en época reciente su área de expansión. Más ligero en promedio y más pequeño que el renano alemán, pero también menos precoz y menos exigente que éste en materia de alimentación, el Noriker se revela como un caballo robusto, resistente y de excelente empleo en el tiro pesado en terreno montañoso. En cuanto caballo de empleos múltiples es muy apreciado por su fuerza y resistencia en todas partes.

También se encuentran entre los Noriker buenos caballos de silla y de carga en montaña. No es sólo la cría de caballos de sangre fría bávara la que se basa en el Noriker como reproductor, sino que esta raza se ha introducido también en las regiones altas de Wurtembergo y en otras más.

Las razas (y las variedades) bovinas alemanas se clasifican en dos grandes grupos, a saber: las *razas (variedades) de montaña* y las *razas de llanura.* Estas designaciones expresan que las primeras tienen su origen en las regiones elevadas del sur y centro de Alemania, desde donde se han extendido, en tanto que las segundas, las del llano, poblaron sobre todo la depresión alemana septentrional, desde donde procedieron también a extenderse,

Entre las *razas bovinas de altura* ocupa *la Manchada* en Alemania, tanto por la extensión de su área de propagación como por su volumen numérico, una posición dominante, ya que en el censo de las existencias bovinas por razas efectuado en 1936 el 25 por ciento de la existencia total del Reich de entonces correspondió a ésta. El ganado bovino manchado alemán se ha criado por cruza de ganado manchado de la Suiza occidental (Cantón de Berna, sobre todo el Simmental) con razas indígenas alemanas.

La ocasión para el empleo del ganado manchado suizo la procuraron originariamente el deseo y la necesidad de criar animales de gran precocidad y mayor peso, para poder satisfacer a la demanda creciente de carne y de animales de trabajo para el tiro pesado (bueyes de tiro). Se ha logrado crear con el ganado manchado alemán una raza muy extendida y hoy perfectamente arraigada, que se distingue por la variedad de sus rendimientos y por su gran capacidad de adaptación a condiciones ambientales diversas. El ganado manchado se cría en regiones extensas de la Alemania meridional y central. La diversidad de rendimientos perseguida halla expresión en el objetivo zootécnico, que para esta raza se formula como sigue: animales de tamaño y peso medianos, robustos, precoces, de alimentación fácil, adaptados y de fácil adaptación al terreno y al pasto disponibles. Cuerpos profundos, anchos, bien contorneados y de fuerte musculatura sobre extremidades vigorosas, bien aplomadas, provistas de buenas articulaciones y de pezuñas duras. Ubre espaciosa, bien conformada, paso amplio, y gran rendimiento en grasa, buena capacidad de engorde y de trabajo. Se trata de obtener un rendimiento anual de leche de por lo menos el quíntuplo del peso del cuerpo, con un contenido en grasa de por lo menos el 3.8 por ciento.

Se comprende que en una raza cuya área de extensión dilatada presenta gran variedad natural y económica, como es el caso de la raza manchada, no se puede esperar ni exigir tanta nivelación y uniformidad en el aspecto exterior y en los rendimientos como en condiciones más parejas. Los esfuerzos zootécnicos han de concentrarse sobre todo en el mejoramiento de la disposición hereditaria para la producción de leche, que hoy en día no satisface todavía por completo en todos los planteles.

También el *ganado gris-bruno* de altura, conocido en la práctica del lenguaje zootécnico como ganado Allgäu, se ha constituido en Alemania por vía de la cruza de sustitución, en cuanto para el mejoramiento del ganado autóctono se recurrió a una raza suiza, de la Suiza oriental esta vez, originaria sobre todo de la región alrededor del Lago de los Cuatro Cantones y del Cantón de Schwyz. En el área alemana de expansión de esta raza, que comprende sobre todo el Allgäu y las regiones al norte del mismo, las condiciones económicas y naturales para la cría de ganado productor de leche son en conjunto muy favorables, y la industria lechera, muy floreciente, sobre todo en el propio Allgäu, ha determinado que en la cría la producción de leche figurara desde siempre en primer término, lo que halla también expresión en el objetivo zootécnico que para esta raza se formula como sigue: animales de peso mediano, bajos, vigorosos, de tronco profundo y ancho, de cuerpo bien terminado, buena musculatura y extremidades vigorosas. Ubre grande, bien conformada y bien implantada, paso amplio, gran rendimiento de leche y grasa (se aspira a un rendimiento de leche del séxtuplo del peso del cuerpo y, respectivamente, 100 Kg de grasa de leche), buena capacidad de engorde y de trabajo.

Lo mismo que el ganado gris-bruno de altura, en el que hay que incluir también la variedad *Murnau-Wer-*

denfelser, así queda también el *ganado amarillo liso de montaña* muy atrás del manchado, tanto en número como en extensión. A esto se añade que las existencias del primero de ellos se reparten en varias áreas de distribución, separadas entre sí, de las cuales sólo las del ganado amarillo Franken y del Glan-Donnersberger poseen una extensión mayor. El ganado amarillo liso de altura ha sido víctima en parte de la expansión del ganado manchado. Las regiones en que ha logrado mantenerse son sobre todo las de explotaciones rurales pequeñas, muy esparcidas, en las que el empleo de las vacas como animales de tiro juega un papel importante. En ausencia de prados y de campos de pastoreo, la base forrajera la constituye el cultivo del forraje de siembra, en particular de la alfalfa. A pesar de las condiciones poco favorables para la reproducción y la cría de ganado, el bovino amarillo liso de altura posee cualidades valiosas que en su área de expansión lo hacen prácticamente insustituible; tales son: frugalidad y eficiencia alimenticia, insensibilidad para los inconvenientes resultantes de la estabulación, capacidad excelente de trabajo y desplazamiento, buena capacidad de engorde y calidad de la carne. Al igual que con casi todas las variedades de altura, la cantidad de la leche, aun siendo de buen contenido de grasa, deja a menudo que desear. El objetivo zootécnico del ganado amarillo liso de altura consiste en: ganado amarillo liso, de tamaño y peso medianos, vigoroso y móvil. Tronco profundo y ancho, bien terminado, de musculatura llena, sobre extremidades vigorosas. Ubre grande, bien conformada, paso amplio y elegante. Muy apto para el trabajo, bueno en rendimientos de leche y carne sobre la base de forraje de cultivo propio. Poco sensible a los daños de la estabulación prolongada, así como bien adaptado a las regiones dedicadas al laboreo, de haciendas pequeñas y medianas.

También el *ganado rojo de altura* se ha visto muy menguado por la "ola del ganado manchado". Sólo ha conseguido mantenerse en algunos islotes —preponderantemente regiones entre montañas, como las del Vogelsberg y del Harz— que sólo ofrecen posibilidades ambien-

Fig. 8. Tipo racial de un bovino negro manchado.

tales muy modestas. Que a pesar de estas condiciones exteriores de cría desfavorables el ganado rojo consiga en sus mejores ejemplares buenos rendimientos, sobre todo una sorprendente capacidad de trabajo, dice mucho en favor de su constitución fuerte y de su frugalidad.

El *ganado Pinzgauer,* que tiene su patria en el ángulo sudeste de Baviera, representa, lo mismo que el ganado Vorderwälder e Hinterwälder de la Selva Negra badense, una raza de importancia local. Estas razas se han revelado adecuadas a las condiciones naturales y económicas particulares de sus respectivas áreas de expansión, relativamente pequeñas.

El ganado *negro manchado del llano* figura por su cantidad numérica y por lo dilatado de su área de expansión al frente no sólo de los *bovinos del llano*, sino del ganado alemán en general. En el censo por razas del año 1936 se atribuyó casi el 50 por ciento de la existencia total de bovinos del Reich de entonces a la raza de los negromanchados. Este ganado predomina en todo el territorio norte del Reich de entonces, hasta muy adentro de las regiones montañosas de la Alemania central, con excepción de algunos pequeños distritos de Silesia, Mecklenburgo, Pomerania y de partes mayores de Schleswig-Holstein, Oldenburgo, Westfalia y Renania, en las que al lado del ganado negro manchado juegan también otras razas un papel más o menos importante. Como tipo ideal se persigue en el ganado negro manchado del llano un tipo lechero y de engorde que reúna, con un alto rendimiento vitalicio de leche y en particular de grasa de leche, un rendimiento satisfactorio al engorde. El objetivo zootécnico perseguido con este ganado se formula como sigue: figura sana, profunda, huesosa, de peso adaptado a las condiciones naturales. Cuerpo ancho, de costillas en forma de tonel, de flancos macizos y buena musculatura. Ubre amplia, bien implantada y bien conformada. Grandes rendimientos de leche y grasa, sobre la base de forraje de cultivo propio, junto con frugalidad.

El *ganado rojo manchado del llano*, que se cría en Schleswig-Holstein, Westfalia, Renania, Oldenburgo y la Frisia oriental al lado del negro manchado, numéricamente muy inferior de todos modos a éste, se le parece hoy en día mucho, tanto en su conformación como en su rendimiento, en tanto que anteriormente encarnaba más que aquél el tipo de ganado productor de carne. La región de cría y difusión del *ganado Angler* es el pequeño distrito de Angeln, en la costa oriental de Schleswig. Se trata en esta variedad de un ganado de tamaño mediano, rojo liso, de formas nobles, criado más que el de cualquiera otra variedad del ganado alemán con vista unilateral a una alta producción de leche que, en rela-

Fig. 9. Tipo racial de un cerdo rural mejorado.

ción con el peso de su cuerpo, proporciona un rendimiento de leche y grasa muy elevado. Finalmente, hay que contar además entre el ganado del llano al *Shorthorn*. Su región de cría y difusión se reduce a la de Eiderstadt, en Schleswig. El objetivo zootécnico comporta precocidad y gran capacidad de engorde, con rendimiento suficiente de leche rica en grasa, sobre la base de forraje de cultivo propio. Las cruzas, practicadas en los últimos decenios, de variedades del llano alemanas, con excepción de la Angler, con ganado Shorthorn han influido favorablemente en la conformación y el peso de las mismas. Actualmente. la cría alemana de Shorthorn sólo reviste importancia local.

En la *cría porcina* alemana, dos razas han conseguido una importancia sobresaliente, a saber: el *cerdo rural mejorado* y el *cerdo mejorado blanco*. Según el censo por razas del año 1936 correspondían a la del cerdo rural mejorado el 72 por ciento de la existencia total de suinos del territorio del Reich de entonces, y 20 por ciento correspondían al cerdo mejorado alemán. Subsisten regiones cerradas de cría de este último en la Alemania central y oriental, en Oldenburgo y en la Frisia oriental. Las demás razas porcinas criadas en Alemania quedan muy atrás de las dos citadas. Sólo se destinan a algunos aprovechamientos especiales o disponen de áreas de extensión muy reducidas. A consecuencia de la unificación creciente de la demanda del mercado, el cerdo mejorado blanco y el cerdo rural mejorado han experimentado en el curso del tiempo una adaptación progresiva de sus respectivos objetivos zootécnicos iniciales. Las diferencias medianas en materia de exterior y rendimientos entre las dos razas ya no son tan pronunciadas como en los decenios anteriores. En tanto que anteriormente se criaba el cerdo mejorado blanco con vista a gran precocidad y crecimiento rápido, junto con buen aprovechamiento de alimentos de alto valor nutritivo y terminación del engorde relativamente rápida, y el cerdo rural mejorado representaba más el tipo de madurez tardía, de engorde más lento sobre la base de forraje de cultivo propio, hoy se tiende en ambas razas a una precocidad y un crecimiento moderados, buen aprovechamiento de forraje menos concentrado de cultivo propio y buena capacidad de engorde. Las diferencias en los promedios de ambas razas se refieren en primer término a ciertos detalles exteriores, como son la forma de la cabeza y las orejas, el curso de la línea dorsal, etc. El objetivo zootécnico puede deducirse, en la medida en que se deje comprender por el aspecto exterior, de la siguiente descripción: Constituye el objetivo zootécnico del cerdo rural mejorado alemán un cerdo precoz, de crecimiento activo, de conformación entre mediana y grande, de tronco profundo y ancho, de perfil de cabeza sólo moderadamente cóncavo, de orejas colgantes gruesas de tamaño mediano, y lomo largo, musculoso, de línea tendida. En el cerdo mejorado alemán, en cambio, el objetivo zootécnico persigue un cerdo precoz, de crecimiento activo, entre mediano y grande, suficientemente largo, ancho y profundo, de perfil de cabeza ligeramente cóncavo, de orejas bastante grandes, erectas o ligeramente inclinadas hacia adelante, y lomo firme, suficientemente tendido. Las razas *Berkshire* y *Cornwall,* que en contraste con las dos citadas son negras, ocupan en la cría porcina alemana en tanto una posición particular, que no cuentan con regiones de cría y difusión propias, sino que sólo se crían en algunas partes de Alemania en planteles aislados. Estas dos razas hallan aplicación considerable en la práctica de cruzas de explotación, sobre todo de cerdos de las razas negras con marranas de la mejorada blanca y de la rural mejorada. El cerdo Berkshire encarna el tipo de un cerdo mejorado particularmente precoz, en tanto que el Cornwall se presenta más bien como cerdo rural mejorado precoz.

De los grupos de *razas ovinas* representadas en la zootecnia alemana, a saber: los Merinos, los rurales mejorados, los de carne y los ovinos rurales, los primeros citados se caracterizan por la posesión de una lana particularmente apreciada. Como consecuencia de las condiciones cambiadas del mercado de la lana, la cría de *Merinos* puros de lana muy fina se ha visto casi totalmente reemplazada por la de los Merinos productores de carne. Según el censo por razas de 1936, en el territorio del Reich de entonces correspondían a esta raza aproxi-

Fig. 10. Tipo racial de un cordero Merino productor de carne. (Según "Handbuch der Schafsrucht und Schafhaltung", Ed. Parey, Berlín, 1939.)

madamente el 50 por ciento de la existencia total de ovinos. Los Merinos productores de carne se crían sobre todo en la Alemania central y meridional. El objetivo zootécnico se propone un ovino de arraigo, resistente, de buena fecundidad, que juntamente con un buen rendimiento de carne proporcione una lana uniforme, suficientemente fina. El peso y el rendimiento en carne son en éste notablemente mayores que en los Merinos puros.

En la Alemania oriental la cría de ovinos la domina el *ovino rural mejorado alemán,* que en el censo de 1936 representaba aproximadamente el 20 por ciento de la existencia conjunta del Reich de entonces. Se atribuye espe-

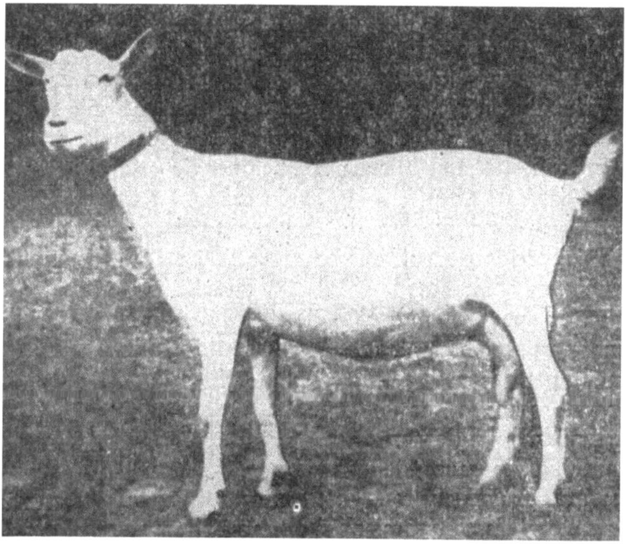

Fig. 11. Tipo racial de una cabra mejorada blanca.

cial importancia a la robustez, a la capacidad de encierre y a la de desplazamiento, propiedades que constituyen las premisas del pastoreo nómada, muy extendido. La lana es de buena finura y de alta calidad.

Los ovinos productores de carne están representados en la cría alemana por los *ovinos de cabeza negra,* que se crían sobre todo en la Alemania occidental, y los *ovinos productores de carne de cabeza blanca,* difundidos en primer término en Schleswig-Holstein. La zootecnia ha logrado adaptar en forma óptima los planteles resultantes de cruzas con ovinos productores de carne ingleses a las condiciones climáticas y alimenticias de sus respectivas áreas de difusión, conservando en gran parte el buen rendimiento de carne de dichas razas y una finura de lana mediana.

Entre los ovinos rurales, los *ovinos productores de leche* ocupan una posición particular. Se los cría no sólo en vista de la carne y de la lana, sino además para la producción de leche. Las buenas condiciones de cría de su principal área de difusión —la Frisia oriental y Oldenburgo— permiten rendimientos de leche en parte muy elevados que, situándose en promedio entre 400 y 600 Kg anuales, pasan en ocasiones de los 1 000 Kg. En algunos rebaños se crían, para la obtención de pieles de corderos Karakul, que proporcionan el apreciado astracán. El cordero Karakul pertenece al grupo de los ovinos de cola ancha y grasa, radicados en el próximo Oriente. Por lo demás, se hallan reunidas en el grupo de los ovinos rurales una cantidad de razas de importancia local, las cuales, con ser muy frugales y resistentes a las influencias ambientales desfavorables, proporcionan de todos modos rendimientos apreciables. Habida cuenta de las condiciones por lo general muy pobres de sus respectivas áreas de difusión, apenas se las podría sustituir por otras más delicadas.

Para las dos *razas caprinas* alemanas, la *cabra blanca mejorada alemana* y la *cabra manchada mejorada alemana,* el objetivo zootécnico se propone la cría de un tipo de cabra sana, resistente, buena lechera, de buena eficiencia alimenticia, de crecimiento rápido, sin astas y de pelo corto, de cuerpo ancho y profundo, extremidades de huesos fuertes y de aplomo normal, y ubre grande, bien conformada, ancha y bien implantada.

CAPITULO V

ATENCION Y ALIMENTACION

Proporcionar a los animales domésticos una existencia lo más soportable posible constituye no sólo un deber ético, sino además un imperativo de sentido común, ya que en esta forma compensarán el buen trato, el cuidado y la alimentación con mejores rendimientos. Sus vicios y defectos de carácter provienen las más de las veces de un tratamiento incorrecto o de cría deficiente. Sin embargo, en la medida en que estas fallas deban considerarse como heredadas, habrá que eliminar cuanto antes de la cría a los animales que las presenten.

Según la clase de cría cabe distinguir fundamentalmente entre la *cría estabulada* y la *cría en pastoreo,* entre las que se sitúan todas las formas posibles intermedias y de transición.

En las condiciones naturales y económicas imperantes en Alemania, los animales han de pasar, por lo regular, gran parte de su existencia, y a veces aun toda la vida, en el establo. La *cría estabulada* constituye en nuestro clima un mal necesario y costoso, ligado a la cría de los animales domésticos. Hay que disponerla de manera que tenga en cuenta las necesidades naturales de los animales, perjudique lo menos posible los rendimientos económicos y no dañe a la salud de aquéllos.

El objeto de los establos consiste en proteger a los animales contra las inclemencias del tiempo y en proporcionarles en las horas de reposo y en caso de enfermedad un lugar de permanencia adecuado. En la cría estabulada hay que tener en cuenta las necesidades de la reproducción y de la crianza de los animales jóvenes, y lo propio se aplica al engorde en el establo.

Los establos deficientes impiden los buenos rendimientos de los animales y ponen su salud en peligro. En muchos casos, especialmente en las pequeñas haciendas rurales, los establos distan mucho de satisfacer los requisitos necesarios, y se encuentran todavía con demasiada frecuencia establos en los que ni los animales se sienten bien ni pueden efectuarse en ellos las labores en forma conveniente.

Según la clase, el número, el sexo, la edad y el tipo de aprovechamiento de los animales que hayan de cobijar, los requisitos relativos al establo y sus servicios variarán en el detalle y, además, la gran diversidad de las explotaciones agrícolas, según la clase y el volumen de los rebaños, y la del conjunto de las condiciones económicas contribuyen también a que la construcción de los establos y sus instalaciones difieran mucho de un caso a otro.

La forma de cría más natural del ganado de explotación es la *cría a pastoreo.* Esta es, en efecto, la que más se aproxima a la forma de vida de los animales silvestres. Es el caso, sin embargo, que las condiciones climáticas por una parte y el tipo de aprovechamiento por la otra (aprovechamiento del trabajo, engorde, etc.), así como en ocasiones la necesidad de aprovechamiento del estiércol, impiden en una buena parte de nuestros animales el pastoreo exclusivo, aun durante las estaciones favorables del año, sin hablar de que en la mayoría de los casos tampoco se dispondría para ello de los pastos extensivos necesarios. La cría en pastoreo es no sólo de efectos excelentes sobre el desarrollo del cuerpo, la salud y el bienestar de los animales, sino que permite además una alimentación adecuada que no requiere trabajo. Se procurará, por consiguiente, extender el pastoreo, o por lo menos la permanencia y el ejercicio al aire libre y en salidas, lo más posible, sobre todo con los animales jóvenes. Afortunadamente, el llamado movimiento en favor de las tierras verdes, o sea, la incorporación de la economía del pastoreo en la cría y la alimentación de los animales ha realizado en los últimos decenios progresos notables, llevando a muchas haciendas la compensación necesaria a las largas horas de encierro en establos que no siempre reúnen las debidas condiciones. El éxito de la explotación en pastoreo depende ante todo de las condiciones del clima y del suelo. Estas son, en efecto, las que o la posibilitan en ocasiones, o hacen por el contrario que en años de sequía su rendimiento sea muy inseguro.

La *falta de limpieza y la atención deficiente* de los animales constituyen no sólo la causa de muchas enfermedades, y en particular de algunas epizootias, sino que perjudican además el buen estado general de aquéllos y el funcionamiento normal de sus actividades biológicas.

En muchos casos no se presta a la *alimentación* y al *abrevamiento* la atención indispensable para conseguir un aprovechamiento completo de los alimentos. El bienestar y la capacidad de rendimiento de los animales dependen no sólo de que se les administren con el forraje las cantidades de materias nutritivas necesarias y de que se los sacie, sino también de la técnica de la administración misma de los alimentos.

En la cría en el establo dependen también el bienestar de los animales y la higiene del propio establo en gran parte de la clase y la cantidad de la *cama*. Esta ha de proporcionar a los animales un yacimiento regular, cómodo, seco y caliente; ha de absorber en gran parte las secreciones, particularmente la orina; ha de fijar los gases que se producen en el establo, sobre todo el amoníaco, maloliente y perjudicial para los animales, y ha de proporcionar un abono lo más rico posible. La paja seca del trigo es por lo regular la que mejor satisface dichos requisitos, pero existen además para ello diversos sustitutos más o menos aprovechables.

A pesar de la labor instructora de los organismos y servicios encargados del fomento de la cría de ganado, *los arneses y la herradura* del caballo y del buey de trabajo distan mucho de corresponder siempre a los requisitos que sugieren tanto la protección del animal como la seguridad del tráfico y el aprovechamiento racional de la capacidad de trabajo de aquéllos.

En el caballo, y en la medida en que se aprovecha la capacidad de trabajo de los bovinos también en éstos, las propias consideraciones económicas imponen la necesidad de emplear también en las labores a las hembras, ya que la explotación agrícola sólo en casos excepcionales podrá permitirse el lujo de eximirlas de ellas por algún tiempo. En condiciones de cría y aprovechamiento correctos, las yeguas pueden cumplir perfectamente su cometido de animales de trabajo sin que se resientan por ello en su capacidad reproductora, antes bien, un trabajo moderado incluso favorece dicha capacidad. La yegua de cría, y en determinadas condiciones también la vaca, puede y debe ser el animal de trabajo de la hacienda rural.

La forma de cría, alimentación y aprovechamientos de las hembras reproductoras ejerce una influencia sustancial en el curso de la gestación y en el desarrollo del feto en el claustro materno. Durante los primeros tiempos de la gestación, las hembras empleadas en las labores no necesitan miramientos especiales; pero más adelante sí hay que tener en cuenta en el tratamiento y en la cantidad y calidad del trabajo impuesto las necesidades del organismo materno, que progresan con la gestación, evitando en primer término todo lo que pueda dar lugar a aborto o a parto prematuro.

Aunque la producción de la leche depende en primer término en cuanto a su duración y su volumen de la disposición hereditaria, es lo cierto que los factores hereditarios sólo pueden desarrollarse por completo, a condición de que el trato y la alimentación sean adecuados. Un trabajo excesivo de la yegua y la vaca lleva al agotamiento temprano de la ubre, sobre todo si además la alimentación es deficiente. La alimentación correcta en cantidad, clase y composición del forraje durante el amamantamiento constituye una premisa esencial del desarrollo satisfactorio de la descendencia.

La *crianza de los animales jóvenes* debe efectuarse de modo que sus facultades heredadas puedan desarrollarse de la mejor manera posible y que ellos mismos se vayan preparando para su empleo ulterior como animales de cría y de rendimiento. Para ello se requiere no sólo una alimentación adecuada, sino además una atención experta. Las faltas de atención durante el crecimiento perjudican el curso normal del desarrollo y la capacidad productora ulterior en forma decisiva. Más tarde sólo se dejan enmendar, si es que se dejan, mediante gastos adicionales elevados en alimentación y atención. Por lo regular, los animales jóvenes mal atendidos suelen quedar en sus rendimientos atrás de los demás.

Los animales jóvenes necesitan en especial mucha luz y mucho sol, aire y ejercicio. El pastoreo satisface estos requisitos en forma ideal. Un ejercicio activo favorece el desarrollo de los órganos internos, el metabolismo, la resistencia de los huesos, tendones, ligamentos y músculos y prepara los animales jóvenes en la mejor forma posible para su empleo futuro como animales de cría y de reproducción. Los requisitos relativos a la luz, el aire y el ejercicio han de cumplirse en la atención de los animales jóvenes a partir del nacimiento, incluso durante la permanencia en el establo. Son muy apropiados en este sentido los establos espaciosos, en los que los animales dispongan de libertad suficiente de movimientos. Los animales jóvenes son poco sensibles al frío seco en el establo, pero los perjudican, en cambio, la humedad y el mojado, las corrientes de aire y la ventilación insuficiente. Al igual que con todos los demás animales, los cambios en la alimentación de los jóvenes deben practicarse en forma lenta y gradual. Esto se aplica en particular al *destete*. La duración del amamantamiento ha de regirse por el desarrollo del animal lactante y por la producción de leche de la madre. En la práctica, el destete se produce con frecuencia demasiado pronto. En las explotaciones progresivas, la práctica del amamantamiento en la cría de los terneros se ha ido sustituyendo cada vez más por la de la *lactancia artificial*. En este procedimiento, el ternero se separa de la madre al nacimiento y se le suministra la leche en un balde. Esta forma de lactancia presenta frente a la del amamantamiento la ventaja de permitir un control exacto de las raciones de leche, evitándose así tanto el exceso como la falta de alimentación y adaptándose el suministro de ésta a las necesidades reales. Sin embargo, la lactancia artificial requiere la observancia estricta de las horas de las comidas y el calentamiento previo de la leche, circunstancia que hace ya de por sí que sólo puedan practicarla las haciendas que trabajan en forma metódica y cuidadosa.

Aun después del *destete,* o sea, después de terminar la alimentación con la leche integral, sigue el animal joven requiriendo atención y vigilancia especiales, ya que el crecimiento relativamente rápido durante las primeras semanas o los primeros meses a partir del nacimiento, precisamente, somete el organismo joven a un esfuerzo que sólo podrá rendir mediante una alimentación suficiente y adaptada a su aparato digestivo, que no está desarrollado por completo todavía. Una vez concluido este período inicial de la vida del animal sin trastornos dignos de mención, la parte más difícil y costosa de la crianza queda superada.

Al avanzar en edad, los animales se van haciendo menos delicados en materia de alimentación y ya no requieren tampoco tanto esmero en su atención. Los *animales adultos jóvenes* soportan mucho más frío, lluvia e inclemencias de lo que suele suponerse. Crianza y entrenamiento rudos ejercen una influencia favorable en el aprovechamiento ulterior de los animales para la cría y el trabajo, aunque, por supuesto, tampoco conviene exagerar en este sentido.

Siendo su valor mayor, los buenos animales machos justifican gastos mayores en su atención y alimentación. Hay que tener presente este aspecto, sin por ello mimarlos o alimentarlos con exceso.

La reproducción, la crianza y la atención de los reproductores machos requieren tanto experiencia como conocimiento especiales.

También los animales que no se destinan a la reproducción, o sea, los *animales de explotación económica* exclusiva, tienen derecho, por supuesto, a buenos cuidados y atención, ya que también éstos compensan los gastos correspondientes con rendimientos mayores y una vida más prolongada.

Las *enfermedades* de toda clase, y en particular las epizootias, pueden perjudicar gravemente el resultado económico de la reproducción y la cría de los animales agrícolas, e incluso llevar la explotación a la ruina. Reducir la aparición y la propagación de enfermedades y ante todo de epizootias a un mínimo es no sólo interés privado del criador, sino que ha de fomentarse urgentemente en interés de la economía general.

La clase y el volumen de la cría de ganado los determinan ante todo en las haciendas agrícolas la *superficie de pasto,* existente o a crear. La cría sólo puede integrarse orgánicamente en la explotación conjunta si la alimentación del ganado reposa en parte principal en el forraje producido en la propia hacienda. Los gastos de alimentación han de estar siempre en proporción adecuada al volumen y a los rendimientos de la cría. No se deben consumir más alimentos ni más caros que los estrictamente indispensables para la consecución en cada caso de los rendimientos necesarios. Cualquier cantidad de alimentos que se consiga ahorrar, por pequeña que sea, puede dejar libres áreas de pasto para el cultivo de otros productos. El empleo lo más parco posible de los alimentos presupone que sólo han de criarse animales que por disposición hereditaria estén en condiciones de aprovecharlos bien, y que su distribución se haga en forma competente y económica. Y esto último sólo resulta posible si el criador posee los conocimientos necesarios en materia de alimentación y sabe aplicarlos en la práctica, lo que no siempre es así. Alimentar con parsimonia no significa en modo alguno alimentar demasiado poco, ya que cada animal necesita determinadas cantidades de sustancias alimenticias para el funcionamiento normal de sus actividades biológicas y otras más para poder producir los rendimientos exigidos. La ración alimenticia estará bien combinada cuando contenga en cada caso los elementos nutritivos necesarios en cantidad suficiente y en proporción adecuada. El contenido de los distintos alimentos en elementos nutritivos es no sólo muy diverso en sí mismo, sino que depende en mayor o menor grado de la procedencia de los mismos, de las condiciones locales en el lugar de su cultivo, de la cosecha y del almacenamiento, y puede, en consecuencia, variar considerablemente de un caso a otro.

A los fines de la alimentación práctica suelen dividirse los *elementos nutritivos* en los siguientes grupos: 1) sustancias nitrogenadas, 2) grasas y aceites, 3) extractos no nitrogenados, 4) fibras y 5) materias minerales.

En el grupo de las *sustancias nitrogenadas* ocupan las proteínas un lugar particular, porque cierta cantidad de proteína es siempre necesaria en la alimentación, y ello no sólo para cualquier clase de rendimiento, sino también para el mantenimiento de la actividad biológica en general, y la proteína no se deja sustituir por otro elemento nutritivo alguno. En términos generales, los forrajes que se producen en la agricultura alemana son relativamente pobres en proteínas. Constituye, pues, una tarea particularmente importante y difícil asegurar en cada caso en las raciones de la alimentación práctica la cantidad de proteína necesaria. El criador ha de percatarse bien de que, por una parte, la ración de forraje que no contenga una cantidad suficiente de proteína no produce el efecto debido y, por la otra, que todo desperdicio de proteína es perjudicial para la economía de los forrajes y para la economía de la alimentación en general.

Las sustancias alimenticias del grupo de las *grasas* y los *aceites* sólo se requieren en la alimentación de los animales en pequeña cantidad, porque pueden sustituirse casi por completo por elementos nutritivos del grupo de las *sustancias no nitrogenadas,* de las que disponemos ante todo en forma de *carbohidratos* en los forrajes de cultivo propio, relativamente fáciles de obtener. Es por lo que, prescindiendo de los elementos proteicos, los carbohidratos constituyen prácticamente el fundamento de la alimentación de los animales. En la alimentación práctica se trata, pues, ante todo, de combinar la *ración alimenticia* de tal manera que al lado de la proteína necesaria contenga la cantidad de carbohidratos suficiente. La fibra se encuentra en los forrajes en cantidades variables, siendo el heno y la paja particularmente ricos en fibra en tanto que las raíces y los bulbos contienen poca. El caballo y sobre todo el cerdo aprovechan la fibra basta mucho menos bien que los rumiantes.

Son asimismo indispensables para la alimentación animal las *sustancias minerales.* En la ración alimenticia compuesta de forraje irreprochable y bien combinada se hallan por lo general contenidas sustancias minerales suficientes. Sin embargo, en los animales jóvenes en período de crecimiento y en los productores de leche de gran rendimiento se necesita siempre, debido a sus requerimientos elevados en materias minerales, un suplemento de éstas, lo mismo que allí donde el forraje, sea por una causa o por otra, no contiene la cantidad normal de sustancias minerales.

En cuanto a las *vitaminas,* elemento asimismo indispensable, siendo la alimentación correcta y el forraje irreprochable, suelen administrarse con éste al organismo animal en cantidad suficiente.

Tanto el grado de *digestibilidad* de los distintos alimentos, o respectivamente de sus elementos nutritivos, como la capacidad del animal individual para aprovechar el alimento, o sea, de convertirlo en sustancia propia o en rendimiento, varían dentro de límites a veces muy amplios. Intervienen en esto, por una parte, el mayor o menor contenido de los alimentos en fibra, las condiciones del crecimiento, el tipo de recolección y almacenamiento, la razón y la preparación de los alimentos y, por la otra, especie y raza de los animales, disposición hereditaria, estado de su dentadura y constitución física general.

Sólo pueden alimentarse conforme a las necesidades, o sea, ni demasiado poco ni con exceso, *adaptando la alimentación* en cada caso *a los rendimientos* y teniendo en cuenta en la medida posible *la eficiencia alimenticia de los animales individuales.* Un animal de poca eficiencia alimenticia necesita para un mismo rendimiento más alimentos o, respectivamente, alimentos más ricos en elementos nutritivos, que el de eficiencia alimenticia buena o, en otros términos, con la misma alimentación producirá menos rendimientos.

Del conjunto de los elementos nutritivos de una ración alimenticia se requiere siempre una parte para el sustento del propio animal *(ración de mantenimiento)*, aprovechándose sólo para los rendimientos propiamente dichos la parte excedente de aquélla, la llamada *ración de rendimiento* o *de producción.* Cuanto mayores sean, pues, los rendimientos, tanto mayor ha de ser en la ración conjunta la parte de la ración de rendimiento.

En la *alimentación práctica* hay que contentarse en la composición con poner en la base de los distintos forrajes valores medios de los *elementos nutritivos,* como los que se indican en las tablas de alimentación de los libros docentes de bromatología, en los calendarios, etc. Por supuesto, la composición correcta de la ración presupone también el de los requerimientos en elementos nutritivos de los rendimientos que se desean obtener en cada caso. También para esto hay que recurrir en la alimentación práctica a valores medios.

La *elección de los alimentos* ha de efectuarse ante todo con arreglo a puntos de vista económicos. En lo posible hay que emplear los que en condiciones favorables se producen en la hacienda propia.

Los alimentos han de administrarse en *cantidad adecuada* a la capacidad del aparato digestivo del animal considerado, para que por una parte se produzca la sensación de saciedad, evitando por la otra sobrecargar los órganos digestivos, con lo que los alimentos administrados no se aprovechan por completo. La sensibilidad a los daños resultantes de la alimentación varía en los distintos animales. También el *sabor* de los alimentos juega un papel en su aprovechamiento. Al combinar las raciones, habrá que proceder a mezclar los alimentos poco sabrosos con otros de los que se sabe que le gustan al animal. Y en términos generales, hay que dar siempre la preferencia a una ración que no sea demasiado unilateral, o sea, que esté compuesta de distintas clases de forraje, no sólo porque esto excita el apetito, sino porque además se asegura en esta forma en mayor grado la administración de las materias minerales y de las vitaminas necesarias que en el caso de una alimentación unilateral.

La *diversidad* de los alimentos que pueden obtenerse en la hacienda propia o por compra, la dependencia de la producción de los alimentos correspondientes con respecto a las condiciones locales, las necesidades variables en clase y cantidad según la especie, la raza y los rendimientos de los animales, todo ello convierte la alimentación del ganado en una tarea muy importante, de la que depende en buena parte el éxito de la explotación. Se trata en esto de un aspecto en el que las fallas todavía muy corrientes suelen traducirse en pérdidas financieras, y en el que las correcciones oportunas pueden incrementar en poco tiempo el rendimiento de la empresa.

CAPITULO VI

MEDIDAS PARA EL FOMENTO DE LA CRIA Y LA ATENCION DEL GANADO

La *importancia económica* y el *gran valor de la riqueza pecuaria y de sus productos* han determinado desde hace ya tiempo al Estado y las corporaciones públicas a adoptar o, respectivamente, apoyar medidas diversas encaminadas a obtener el *mejoramiento de las condiciones de cría y atención* de nuestros animales y aumentar en esta forma sus rendimientos. En la cría del ganado caballar fueron inicialmente puntos de vista militares los que decidieron la intervención del Estado, pero en fecha más reciente han influido cada vez más en dicha actitud, lo mismo que a propósito de las demás ramas pecuarias, *consideraciones de carácter económico.*

Las medidas para el fomento de la cría de ganado pueden partir tanto del *Estado y los municipios* como de la *iniciativa privada.* Los esfuerzos en tal sentido pueden y deben complementarse mutuamente, pudiendo sostenerse legítimamente el punto de vista de que el Estado y las corporaciones públicas sólo deben intervenir cuando la iniciativa privada o, respectivamente, los medios privados, no basten para ello y en la medida en que no lo hagan.

Una institución que ha adquirido gran importancia para el progreso de la cría de ganado consiste en la *organización del registro pecuario* ("herdbook" de los autores ingleses). Tuvo su origen en asociaciones meramente privadas y voluntarias de criadores con el objeto de mejorar los rendimientos zootécnicos y económicos de los planteles de animales domésticos. Como quiera que por lo regular sólo adherirán a dichas asociaciones los criadores progresistas, el desarrollo ulterior de la cría y la atención del ganado se produce más rápidamente en ellas que entre la gran masa de los mismos.

Gracias a la adhesión de gran número de miembros con identidad de intereses, las *asociaciones de criadores* disponen de mayor capital y posibilidades que los criadores particulares. Necesitan, sobre todo, de las asociaciones de criadores las explotaciones pequeñas y medianas. El número de miembros, la capacidad y la importancia de las distintas asociaciones varían, por descontado, de caso en caso. Y las organizaciones pecuarias mayores constituyen a su vez reuniones de asociaciones locales, que suelen designarse en la mayoría de los casos como cooperativas pecuarias.

Hoy en día existen asociaciones de criadores para todas las especies de ganado y en todas las regiones de Alemania. El objetivo de estas asociaciones está en el fomento de una especie o raza determinada de animales. Así, por ejemplo, la Unión Westfaliana de Criadores de Ganado Rojo Manchado persigue el fomento en Westfalia del ganado rojo manchado del llano. La orientación y el objetivo de la cría ha de expresarse en forma clara e inequívoca, como es el caso, por ejemplo, de la asociación para la cría caballar "Registro genealógico caballar, Bonn", cuyo objetivo zootécnico consiste en obtener "un caballo vigoroso, bien conformado, profundo, ancho, de fácil alimentación, de tipo de sangre fría, de huesos fuertes y movimientos libres".

Las asociaciones de criadores se han ido juntando más y más en grandes *uniones*, y así hubo en un tiempo y las vuelve a haber hoy, en todas las ramas de ganado, centrales que permiten la representación en común de los intereses de todas las asociaciones agrupadas. Las grandes uniones pueden realizar eficazmente muchas tareas comunes, como son la organización de exposiciones y subastas ganaderas, el aumento de la propaganda, la representación de otros intereses económicos de sus miembros, etc.

Las asociaciones de criadores reúnen sus *medios* de cuotas pagadas por los miembros, de tasas que cobran para determinados servicios y de participaciones en las subastas, así como de subvenciones oficiales directas o indirectas.

Las *tareas* más importantes *de las asociaciones de criadores* son o pueden ser: 1) la adquisición de reproductores y las medidas para su atención, alimentación y empleo adecuados, 2) el registro de los reproductores, 3) la caracterización de la descendencia, 4) la contabilidad de la cría, 5) las medidas para el mejoramiento de la atención y la crianza de los reproductores, 6) la realización de pruebas de rendimiento, 7) la lucha contra las epizootias, 8) la organización de exposiciones de ganado, el otorgamiento de premios, la participación en las mismas, etc., 9) las medidas para el fomento de la venta de reproductores, y 10) el asesoramiento de sus miembros en todas las cuestiones relativas a la cría y la atención de los animales.

La *adquisición de reproductores machos de alta calidad* ha de considerarse como medida fundamental de toda asociación de criadores. Esta puede adquirir reproductores con medios propios y ponerlos a disposición de los socios, o bien ayudar a éstos en la compra y la atención mediante el otorgamiento de cantidades en metálico, premios y otras facilidades.

Los esfuerzos de las asociaciones de criadores se orientan en el sentido de formar en las haciendas planteles que se aproximen lo más posible al objetivo zootécnico propuesto. Por consiguiente, al iniciar sus labores la asociación ha de proceder a la elección, entre los animales existentes, de un linaje que por su origen, rendimiento y exterior, así como en lo posible por seguridad de transmisión hereditaria, satisfaga determinados requisitos mínimos y parezca indicado para producir, mediante el empleo de buenos reproductores machos, una descendencia de altas cualidades. Partiendo de este plantel, en ocasión de la llamada *inscripción en el registro pecuario,* se va sometiendo la descendencia regularmente a un examen relativo a la conformación, la ascendencia y en lo posible también a los rendimientos, de cuyo resultado depende que el animal considerado sea inscrito o no en el registro de la asociación. La inscripción en dicho registro y la forma de llevarla a cabo son decisivos para el desarrollo de la asociación y revisten también para el criador gran importancia desde el punto de vista económico. Los requisitos relativos al exterior, la ascendencia y eventualmente los rendimientos para la admisión de los animales en el registro varían de una asociación a otra. Han de adaptarse a las condiciones locales en el sentido de que en regiones de desarrollo zootécnico prolongado, por ejemplo, pueden ser más severos, por descontado, que allí donde sólo se está en los inicios.

La *caracterización* pronta e irreprobable de los animales admitidos en el registro y de sus respectivas descendencias es un requisito indispensable, pues en esto se basa y consiste en último término el objeto conjunto del registro. En efecto, la región de cría en la que el comprador tenga el sentimiento de seguridad absoluta por lo que hace al modo de llevarse el registro y a la identificación de los animales inscritos, será siempre preferida con respecto a otra.

El *registro pecuario* es un registro en el que se anotan todos los datos de interés zootécnico obtenibles acerca de los animales inscritos y de sus respectivas descendencias. Un registro de esta clase llevado en forma ordenada constituye el fundamento de toda labor zootécnica racional. Se entiende que el registro está llevado en forma ordenada cuando permite comprobar sin lagunas las relaciones de ascendencia en el mayor número posible de generaciones de los animales registrados. El valor zootécnico de las inscripciones del registro es tanto mayor cuanto más permiten éstas el estudio de la transmisión hereditaria de las distintas características y propiedades.

Ha de ser principio de todo registro bien llevado, no sobrecargarlo con una cantidad de datos más o menos superfluos, siendo, en cambio, las inscripciones completas e irreprochables. En relación con la investigación genética, las inscripciones del registro, sobre todo en lo tocante a los animales domésticos mayores en los que el experimento zootécnico sólo puede practicarse por excepción y siempre en forma limitada, constituyen la base principal, y en muchos casos única, de información.

Como quiera que en la mayoría de los casos los registros propiamente dichos sólo pueden llevarse en un ejemplar y en forma manuscrita, con lo que resultan poco accesibles al criador, resulta indispensable poner a disposición de éste, en forma de extractos, copias, etc., los datos que necesita para su labor práctica. Constituyen *auxiliares del registro pecuario* para su empleo práctico en la cría, los *extractos*, los *certificados de ascendencia*, los *libros de establo, de servicios de monta,* etc. El primer registro impreso en el mundo fue el "General Stutbook" inglés, aparecido en 1793, para los caballos ingleses de pura sangre. En cuanto a la colección manuscrita de notas relativas a la ascendencia de los caballos en cuestión, ésta se remonta todavía bastante más allá.

El hecho de que la producción de una descendencia dotada de buenos factores hereditarios, o sea, la cría propiamente dicha, no baste para obtener animales provechosos, sino que se requiere además para ello una *atención* adecuada en el sentido más amplio de la palabra, ha llevado a las asociaciones de criadores a preocuparse más y más por este aspecto en sus respectivas regiones y a adoptar medidas y disposiciones encaminadas a su mejoramiento.

Mas allá de las disposiciones legales y de las medidas oficiales particulares al respecto, la *preocupación relativa al buen estado de salud* de los valiosos animales inscritos en el registro entra también, por descontado, en el círculo de las tareas de las asociaciones de criadores. Esta preocupación halla ya expresión en los esfuerzos de las asociaciones en el sentido de asegurar una crianza y una atención adecuadas y lo más sanas posibles de los animales y abarca además la lucha conjunta contra las más diversas epizootias, así como el seguro contra la pérdida de ganado, etc.

Un medio muy importante, y a juzgar por los resultados obtenidos muy eficaz también para fomentar y mejorar la cría del ganado, es el de *las exposiciones* y *los premios,* organizados y sufragados en gran parte por las asociaciones. Las exhibiciones permiten a los visitantes formarse una idea sobre el estado de la cría ganadera en la región y, a los expositores, comparar sus animales con los de otros, lo que les sirve de estímulo en muchos aspectos de su labor; proporcionan además oportunidades de venta y sirven asimismo de orientación para todos los demás criadores. Según la extensión que abarcan, las exposiciones son locales, comarcales, de distrito, provinciales, estatales o federales. Los requisitos más severos son los que se ponen en las grandes exposiciones estatales o federales, en las que compiten los mejores animales de un Estado o del país entero. En Alemania pueden considerarse como exhibiciones generales las que tienen lugar en ocasión de las exposiciones ambulantes de la Sociedad Agrícola Alemana ("Deutsche Landwirtschaftsgesellschaft"). Estas exhibiciones se han venido celebrando todos los años, con pocas excepciones durante las épocas de guerra y de posguerra, desde 1887, cada año en una región distinta del país. Por sus excelentes organización y realización, estas exhibiciones se han convertido en modelo y orientación para el conjunto del sistema de exposiciones de animales en Alemania. Han ejercido en el desarrollo de la zootecnia una gran influencia, ya que en ellas entran todos los años en competición todas las asociaciones y los criadores más importantes del país con sus mejores animales.

El meollo de las exhibiciones lo forman los *premios.* A los animales que más se distinguen en cada caso se les atribuyen premios en metálico u honoríficos, que representan una recompensa por las realizaciones zootécnicas sobresalientes y han de constituir al propio tiempo una a manera de compensación para el criador. En el detalle, el criterio a adoptar en materia de premios variará mucho de un caso a otro. Habrá de adaptarse, por descontado, al nivel de la zootecnia y demás condiciones de la región de que se trate.

En tanto que anteriormente los premios se otorgaban casi exclusivamente en razón del aspecto exterior, se ha ido pasando en los últimos tiempos cada vez más al criterio de tener en cuenta no sólo la conformación sino también la ascendencia y los rendimientos de los animales y de considerar al valor genético como factor decisivo.

Como quiera que las asociaciones de criadores han de defender en definitiva los intereses de sus miembros, la preocupación orientada a proporcionar una *salida favorable a los animales registrados* constituirá en todo momento uno de sus cometidos principales. Esta tarea puede considerarse cumplida satisfactoriamente si por una parte se asegura al criador de animales registrados la salida regular y a precios remuneradores de sus productos y si, por otra, la ganadería del país tiene la posibilidad de cubrir sus necesidades en reproductores en condiciones razonables. Sin perder de vista, además, que según las disposiciones legales en vigor el aprovisionamiento de la ganadería nacional en reproductores machos ha de efectuarse exclusivamente con animales registrados y que, desde el punto de vista general, es de desear que aun la cría de animales no inscritos se vea asimismo mejorada constantemente mediante la adquisición de buenas hembras, también registradas.

Como forma más indicada para la venta de los reproductores se ha revelado la de la *subasta,* y la mayoría con mucho de los reproductores machos cambia hoy en día de propietario a través de dicho procedimiento de venta.

Las *medidas del Estado y de las corporaciones públicas* para el fomento de la cría y la atención del ganado son muy variadas y en parte muy severas. Tienen por misión, en efecto, proveer al bien del conjunto de la población y han de inspirarse en consideraciones de carácter económico. Tienden al mejoramiento de las condiciones de producción y de los rendimientos del conjunto de la ganadería del país. Que en el marco de dichos objetivos se tenga también en cuenta ante todo a la cría organizada, o sea, registrada, es perfectamente comprensible, ya que ésta constituye sin lugar a duda el elemento progresivo y activo de la ganadería en su conjunto.

Un *deber particular del Estado* consiste en *la formación profesional* de los círculos extensos y de composición muy variada de las personas dedicadas a la cría y la atención del ganado y en el *asesoramiento* adecuado y sobre una base amplia de los criadores en general, ya sea en el marco del asesoramiento ganadero popular, ya en forma de asesoramiento profesional especial. Otra condición decisiva de un desarrollo próspero consiste en la organización y el funcionamiento a cargo del erario público de *institutos de investigación* y *granjas experimentales* de distintas clases, en relación con la cría y la atención del ganado.

Entre las instituciones más antiguas para el fomento de la ganadería, y en particular de la cría caballar, figuran las *remontas del Estado*. La instalación y el mantenimiento de remontas por parte de las intendencias reales y principescas, de conventos y corporaciones públicas, pueden retrasarse hasta la Edad Media y más allá. El origen de las remontas reales y principescas ha de buscarse en el hecho de que, en sus extensas posesiones, los príncipes criaban ellos mismos los caballos necesarios para sus ejércitos y sus cortes. En Alemania, las llamadas remontas de la corte han subsistido en casos aislados hasta después de la primera Guerra Mundial. Hoy en día, y en la medida en que esto no tenga lugar por medio de sementales privados o de cooperativas, las remontas estatales sirven, mediante el suministro de sementales adecuados, al aprovisionamiento del país con buenos caballos para la agricultura, en particular, y para los demás aspectos de la economía en general.

La cuestión acerca de la necesidad o, respectivamente, la conveniencia de las remontas estatales se ha discutido mucho en el transcurso del tiempo, y en no pocas ocasiones se ha propuesto suprimirlas y que los dineros públicos —nada insignificantes— requeridos por su mantenimiento fueran destinados directamente a la cría caballar privada. Que este camino puede seguirse lo demuestran un Estado federado alemán, como Oldenburgo, y un Estado nacional, como Bélgica, en los que sin sistema de remontas estatales y sobre la base exclusiva de la iniciativa privada se ha desarrollado una cría caballar floreciente y de alta calidad. Sin embargo, en la mayoría de los demás Estados federados alemanes, las remontas estatales representan una institución firmemente establecida por una antigua experiencia y por fuertes inversiones pecuniarias, que ha prestado y sigue prestando buenos servicios.

La reproducción y la cría de potros son difíciles y comportan un elevado riesgo financiero que sólo pueden correr criadores privados expertos y acaudalados. En tanto que una institución estatal como la de las remontas puede trabajar mejor, como es natural, a largo plazo, puede aceptar un riesgo mayor, y está en mejores condiciones de superar épocas de crisis de lo que, en términos generales, puede hacer el criador particular.

En la organización del sistema de remontas estatales se distingue entre las *remontas principales* (remontas de cría o de linaje) y las *remontas locales*. En el sentido propio del vocablo, sólo son remontas las principales, ya que sólo en ellas se practica la cría como tal. Las remontas locales, en cambio, no son remontas propias, pues no se dedican a la cría y constituyen más bien depósitos de potros, desde los cuales durante las épocas de servicio los sementales estatales se distribuyen por las distintas estaciones de servicio del país, donde se tienen a disposición de las yeguas para la cría general del ganado caballar. En la medida en que no se críen en las remontas principales del Estado, los sementales necesarios al aprovisionamiento de la cría caballar en las remontas locales los compran los criadores locales o las cooperativas. Mediante la selección de los potros de cría y su distribución a través de las estaciones de servicio, la administración de la remonta estatal puede ejercer una influencia decisiva en el desarrollo y la orientación zootécnica de la cría caballar del país. Claro está que con ello asume al propio tiempo una gran responsabilidad.

En la cría caballar, lo mismo que en la de otros animales domésticos, ha dado muy buenos resultados el *mantenimiento de sementales sobre base cooperativa,* en la que varios criadores se juntan para el mantenimiento en común de reproductores machos. Este tipo de cooperativa se inserta en el sistema conjunto de las medidas públicas de fomento, por cuanto cuenta con subvenciones del Estado o de las corporaciones públicas.

Entre las disposiciones legales más importantes al servicio del fomento de la ganadería y de la producción animal figura en primer término la *Ley relativa a la cría de animales,* adoptada por el Consejo de Economía. Esta ley, que sustituye a la que entró en vigor en 1936 para el fomento de la ganadería, es una ley básica que sólo establece las normas generales, dejando la reglamentación de los detalles a los Estados federados. Mantiene el principio del llamado examen obligatorio y reglamenta la atención y el empleo zootécnico de los reproductores machos (caballos padres, toros, verracos, carneros y machos cabríos). Sus disposiciones establecen en conjunto que no puede emplearse en la reproducción macho alguno que no esté en condiciones de mejorar la ganadería del país. Para comprobar esta condición, los animales han de someterse a un examen (principio del examen obligatorio) relativo a su respectiva capacidad zootécnica, incluso en el caso de que sólo se empleen en la hacienda propia del criador. Esta disposición se aplica asimismo a los animales que hayan de emplearse para la inseminación artificial. Constituye un antecedente necesario de dicho examen la existencia de un certificado de ascendencia suficiente, que informe también acerca de los rendimientos de los antecesores del animal objeto del examen. En la medida en que los criadores particulares o las cooperativas no dispongan de reproductores machos suficientes, el cuidado de procurarlos y mantenerlos corre según la ley a cargo de los municipios y, en el caso de los caballos, de la administración de las remontas.

También la *Ley para la protección de los animales,* de 1934, afecta en muchos aspectos los intereses y los campos de actividad de los criadores y ganaderos.

La conexión íntima entre la cría del ganado productor de leche y la industria lechera nos obliga a mencionar la *Ley relativa a la leche y la grasa,* de 1951. Esta ley trata de la producción de la leche y de su manipulación y transformación, y afecta la actividad y los intereses económicos de un gran círculo de personas, a saber: los criadores de ganado lechero, el personal de los establos, los establecimientos de ordeño, las queserías y demás industrias lecheras, así como los consumidores de leche y de productos lácteos derivados. El objeto de la ley está en crear las bases para la producción de una leche de alta calidad, irreprochable desde el punto de vista higiénico, y de productos lácteos, en consonancia.

Finalmente, hay que mencionar también las *medidas oficiales para la lucha contra las epizootias* y la protección del ganado contra las mismas. Las pérdidas anuales de animales y la reducción del valor de los mismos como consecuencia de enfermedades contraídas en el curso de las epizootias son extraordinariamente grandes, y tanto el interés económico privado como el público exigen de consuno una protección activa y una lucha eficaz contra dicho peligro. Corresponde tanto más al Estado tomar la iniciativa en materia de lucha y protección contra las epizootias, que el éxito de las medidas correspondientes exige la cooperación de todos los interesados y una dirección unitaria.

BIBLIOGRAFIA

GOLDSCHMIDT, R., *Einführung in die Vererbungswissenschaft,* 3ª ed., Leipzig, 1933.

KRALLINGER, H. F., *Angewandte Vererbungslehre für Tierzüchter,* Stuttgart, 1937.

KRONACHER, C., *Allgemeine Tierzucht,* sec. 3ª: *Der Artbegriff und die Wege der Artbildung; die Rassen,* 2ª ed., Berlín, 1922.

— Sec. 4ª: *Die Züchtung,* 2ª ed., Berlín, 1921.

KÜHN, A., *Grundriss der Vererbungslehre,* Leipzig, 1939.

NACHTSHEIM, H., *Vom Wildtier zum Haustier,* 2ª ed., Berlín y Hamburgo, 1949.

REINÖHL, F., *Tierzüchtung. Bedeutung, Ziele und Erfolge der Tierzüchtung,* Stuttgart, 1938.

SCHMIDT, VON PATOW und KLIESCH, *Züchtung, Ernährung und Haltung der landwirtschaftlichen Haustiere. Allgemeiner Teil,* 5ª ed., Berlín y Hamburgo, 1950.

— *Besonderer Teil,* 5ª ed., Berlín y Hamburgo, 1950.

VOGEL, H., *Untersuchungen über die Zuverlässigkeit der Milchleistungskontrolle, Zeitschrift für Tierzüchtung und Züchtungsbiologie,* vol. 22, Berlín, 1931.

INDICE ALFABETICO

A

N

O

P

Esta obra ha sido editada por la Unión Tipográfica Editorial Hispano-Americana, de México, D. F., Av. de la Universidad, 767. Fue impresa en Talleres Gráficos Toledo, S. A., de México, D. F., calle Penitenciaría, 37, y se terminó el día 30 de enero de 1963. La edición estuvo al cuidado de Marín Civera, y consta de 4 000 ejemplares.

Precio de venta en México: $

U.T.E.H.A. ★ U.T.E.H.A.

U.T.E.H.A.

U.T.E.H.A. ★ U.T.E.H.A.

manuales UTEHA

ARTE

CIENCIAS

TECNOLOGIA

CIENCIAS MATEMATICAS - 1
FISICA - 2
QUIMICA - 3
CIENCIAS NATURALES - 4
MEDICINA, VETERINARIA Y FARMACIA - 5
TECNOLOGIA - 6
FILOSOFIA - 7
PSICOLOGIA - 8
GEOGRAFIA - 9
HISTORIA - 10
ARTE - 11
LINGÜISTICA - 12
ECONOMIA - 13
CIENCIAS SOCIALES - 14
CIENCIAS COMERCIALES - 15
RELIGION - 16
EDUCACION - 17
LITERATURA - 18
DERECHO - 19
AGRICULTURA Y GANADERIA - 20

SECCIONES DE QUE CONSTA LA COLECCION